LA
CULTURE PRODUCTIVE

AMÉLIORATIONS RÉALISÉES

ET CELLES QUE L'ON DEVRAIT INTRODUIRE DANS LES DOMAINES
DU CENTRE DE LA FRANCE

PAR

FAVRET ET Ed. VIANNE.

DIX GRAVURES DANS LE TEXTE ET SIX PLANCHES TIRÉES A PART.

PARIS

NOUVELLE LIBRAIRIE AGRICOLE ET HORTICOLE J. LOUVIER
25, QUAI DES GRANDS-AUGUSTINS, 25.

BRUXELLES

LIBRAIRIE AGRICOLE D'É. TARLIER, RUE DE LA MONTAGNE-DE-L'ORATOIRE, 5

LA

CULTURE PRODUCTIVE

LA

CULTURE PRODUCTIVE

AMÉLIORATIONS RÉALISÉES

ET CELLES QUE L'ON DEVRAIT INTRODUIRE DANS LES DOMAINES
DU CENTRE DE LA FRANCE

PAR

FAVRET et Ed. VIANNE.

DIX GRAVURES DANS LE TEXTE ET SIX PLANCHES TIRÉES A PART.

PARIS

NOUVELLE LIBRAIRIE AGRICOLE ET HORTICOLE J. LOUVIER

25, QUAI DES GRANDS-AUGUSTINS, 25.

BRUXELLES

LIBRAIRIE AGRICOLE D'É. TARLIER, RUE DE LA MONTAGNE-DE-L'ORATOIRE, 5

1862

AVERTISSEMENT.

Le travail que nous avons l'honneur de présenter ici n'était point destiné à la publicité ; nous ne l'avons fait que sur la sollicitation de plusieurs de nos amis, qui ont bien voulu nous assurer que ces notes pouvaient rendre quelques services aux agriculteurs. Nous ne ferons jamais défaut à la cause de l'agriculture ; toutes les fois que nous croirons pouvoir être utile à la vulgarisation de cette science si importante au bien de l'humanité, on nous verra en lice. Notre bon vouloir doit nous être compté, et, jusqu'à un certain point, il peut nous tenir lieu des autres qualités qui nous manquent pour l'accomplissement de la tâche toujours difficile et si souvent ardue, mais si attrayante aussi, d'apprendre quelque chose à ses semblables.

Nous ne nous livrons pas ici à la discussion des points en litige des principes de la science économique, nous les effleurons seulement ; mais, à côté de ce simple exposé, nous donnons des faits, nous citons des chiffres qui ont beaucoup plus d'éloquence, et sont plus concluants que toutes les fleurs de rhétorique qui ont été fanées sur le chemin des discussions.

Nous devons avertir les lecteurs que, dans le cours de ce travail, ils trouveront deux ordres de faits bien différents qui paraissent conclure en sens opposé ; mais cette contradiction n'est tout à fait qu'apparente. En effet, la terre de la Choltière, soumise au faire-valoir direct, donne des résultats tels, que l'on doit en tirer cette conclusion, que ce mode d'exploitation est le plus avantageux pour le pays. Mais il n'en est point toujours ainsi ; car, à côté de ce brillant succès, il y a malheureusement des revers trop nombreux qui prouvent qu'un autre mode de faire-valoir est souvent plus lucratif. La réussite de cette exploitation ne doit être attribuée ni à la qualité du sol, ni aux circonstances économiques, climatériques ou culturales de la localité ; elle doit l'être à l'homme qni pendant vingt années de sa vie a dit : « Je veux réussir. » Cette persévérance, au milieu de difficultés sans nombre, est rare : aussi ne conseillerons-nous jamais à un cultivateur d'entreprendre une semblable tâche.

M. d'Almenno lui-même vous dira : « Ne faites point ce que j'ai fait, » et nous répéterons avec lui : « Si vous avez des connaissances agricoles, des capitaux et de l'activité, placez-vous dans des conditions meilleures que celles de la Choltière, et l'application de vos capitaux intellectuel et pécuniaire vous rapportera beaucoup plus et en argent et en satisfaction. »

La culture de Beaumont, au contraire, est d'un exemple des plus imitables. Elle laisse aux causes nombreuses et puissantes qui ont déterminé l'application du mode de faire-valoir par métayer, le temps de se transformer et de conduire avec elles, dans leur transformation, les systèmes culturaux à un changement radical et avantageux.

Débutons par l'amélioration des prairies ; car rappelons-nous ce proverbe : « Qui a du foin a du pain. »

INTRODUCTION.

On doit reconnaître que depuis quelques années l'agriculture est entrée franchement dans la voie du progrès, que les méthodes de culture ont été modifiées, et que l'application des bons systèmes s'est développée d'une manière très-notable. Il reste, il est vrai, encore beaucoup à faire ; mais la route est frayée, et les bonnes méthodes ne tarderont pas à remplacer ce qui reste de coutumes routinières. Toutefois, n'oublions pas qu'on ne peut procéder en agriculture comme en industrie, et renverser de fond en comble un système du jour au lendemain. En culture, il faut raisonner et procéder avec une grande prudence ; mieux vaut mettre un peu plus de temps et opérer avec la certitude de réussir.

Mais, nous le répétons, le premier pas est fait, et c'était de beaucoup le plus difficile ; car il s'agissait de persuader des gens qui ne voulaient pas comprendre, parce qu'ils croyaient qu'il était de leur intérêt de rester dans l'inertie et la routine.

Il n'en est heureusement plus ainsi, et aujourd'hui, grâce à l'initiative des sociétés d'agriculture et des comices, qui, par leurs publications, leurs fêtes, et les récompenses qu'ils décernent, instruisent et stimulent les agriculteurs ; grâce aussi au dévouement de quelques hommes de cœur et d'action, le progrès marche d'un pas rapide, et pénètre jusque dans les contrées les plus pauvres et les plus déshéritées tant sous le rapport de la nature du sol que sous celui de l'éducation des habitants.

Le mouvement est général, et bientôt, il faut l'espérer, l'agriculture française prendra le rang qu'elle doit occuper, et n'aura plus rien à envier de nos voisins d'outre-mer.

Les encouragements que le gouvernement vient d'accorder vont encore précipiter le mouvement; déjà les pionniers sont à l'œuvre : les Landes se boisent et se défrichent; dans la Sologne, on trace des voies de communication qui aideront à la régénération de cette malheureuse contrée en permettant le transport économique de l'élément calcaire dont le sol est privé; on fait des études pour l'assainissement de la Brenne; la Dombe et le Forez vont être assainis et livrés à la culture ; enfin, on doit reboiser les coteaux, curer les cours d'eaux, créer des chemins de fer agricoles qui permettront d'opérer avec économie le transport des engrais et des produits, etc., etc. L'horizon est large, et un bel avenir se prépare. Espérons que trop de précipitation, une étude superficielle, des considérations locales ou des intérêts particuliers ne compromettront pas une aussi belle œuvre, et que nous ne la verrons pas échouer comme cela est arrivé déjà bien souvent.

L'agriculture ne peut se traiter de la même manière que l'industrie. Pour réussir, il faut à l'une et à l'autre des capitaux, beaucoup de capitaux même ; mais l'argent ne suffit pas pour opérer des transformations culturales. On ne peut créer ni transformer une terre du jour au lendemain. — Créer une terre avec de l'argent, c'est courir à la ruine. Pour mettre en culture de vastes contrées comme les Landes, la Sologne, la Brenne, etc., il faut non-seulement beaucoup de capitaux, mais encore un grand nombre de bras, et surtout une direction active et intelligente.

Quelles que soient la puissance et la perfection des machines inventées pour remplacer les bras, jamais on ne parviendra à supprimer l'aide de l'homme, parce qu'on ne rendra jamais les machines intelligentes, et qu'elles devront toujours être dirigées.

La rareté de la population dans les contrées pauvres est donc le plus grand obstacle que l'on rencontre au développement de l'agriculture, et cette difficulté est d'autant plus grande que l'ouvrier des champs se fait rare partout, et que, par suite de cette rareté, la main-d'œuvre augmente dans une proportion telle, que les agriculteurs en sont réduits aux expédients; que le travail ne se fait qu'imparfaitement et que la culture en souffre.

Or pourquoi la population, qui a déjà plus de travaux qu'elle ne peut en faire, se déplacerait-elle? Pourquoi quitterait-elle ses foyers et ses habitudes, si ce n'est pour obtenir un plus fort salaire ou des avantages qu'elle ne possède pas chez elle ? Et puisque le taux du salaire est déjà hors de proportion avec la valeur des produits agricoles, dans les bonnes cultures, comment sera-t-il possible de payer un prix encore plus élevé dans les pays pauvres où tout est à créer et dont les produits seront certainement minimes, au moins au début ?

Les meilleures améliorations, celles qui sont durables, avantageuses pour ceux qui les font, et qui peuvent servir d'exemple, sont celles qui s'établissent par le contact et pour ainsi dire par imitation, et qui se propagent de proche en proche. C'est ainsi que des Flandres françaises, où la grande culture est plus soignée que le jardinage dans certaines parties du centre de la France, les bons principes se sont étendus dans les départements voisins. — C'est ainsi qu'un propriétaire cultivateur qui fait une culture *rationnelle et productive* dans un pays arriéré, répand la lumière autour de lui, et que, de proche en proche, ses voisins l'imitent sans s'en douter, avec certitude de succès.

Il ne faut pas oublier non plus que telle méthode qui est bonne et productive dans telle contrée, ne saurait être appliquée avec le même avantage et le même succès dans telle autre. Avant d'améliorer, il faut se rendre compte de la nature des terres, du climat, des habitants et de leurs habitudes ; on ne doit pas oublier qu'on ne transforme pas du jour au lendemain des habitudes séculaires : c'est pour ces raisons que telle culture qui se pratique avec grand profit dans le Nord, qui a une population abondante, active et laborieuse, et où le prix de la main-d'œuvre, relativement à la somme de travail exécuté, revient à beaucoup meilleur marché que dans d'autres contrées de la France, serait onéreuse et même désastreuse dans le Centre, où la population est moins active, et où, malgré le bas prix de la journée, les travaux reviennent à un taux tellement élevé que l'exécution en est souvent rendue impossible.

De la rareté de bras, il s'ensuit donc qu'il ne faut défricher et mettre de nouvelles terres en culture qu'avec une extrême prudence, et que *le système qui présentera le plus de chance de réussite sera celui qui exigera le moins de frais de main-d'œuvre*, partant le boisement des parties médiocres et la culture pastorale ou semi-pastorale dans les meilleures terres.

Mais s'il ne faut défricher qu'avec prudence, on doit, par contre, améliorer sans relâche les terres déjà en culture. En effet, qu'a-t-on besoin de créer de nouvelles terres et d'augmenter les surfaces en culture puisque les forces et les capitaux dont l'agriculture dispose ne suffisent

pas pour faire rapporter au sol la moitié de ce qu'il produirait si les cul
tivateurs disposaient de plus de bras, et surtout de capitaux ? Pourquo
ne pas améliorer d'abord ce qui produit déjà ?

C'est une habitude malheureusement presque générale et invétérée, principalement chez les cultivateurs du centre de la France, de vouloir cultiver de grandes surfaces, et conséquemment de mal cultiver, parce
qu'ils ne disposent que d'un capital relativement minime. A ce sujet, nous
devrons encore citer comme exemple ce qui se passe dans le département
du Nord et principalement dans la Flandre française. Dans cette contrée
privilégiée, principalement sous le rapport de la population, la moyenne
des cultures n'est pas de 20 hectares par ferme, et cependant cette surface, que le plus pauvre métayer du Berry trouverait trop restreinte, suffit
au cultivateur flamand, non-seulement pour vivre honorablement avec sa
famille, mais encore pour réaliser des économies qui lui permettent de
se reposer lorsque ses enfants sont en âge de lui succéder. Et que l'on
ne croie pas que les terres du Nord sont d'une nature exceptionnelle; elles
ne sont productives que parce qu'on n'épargne pas le travail, parce qu'on
ne laisse rien perdre de ce qui peut servir à les fertiliser, et parce qu'on
n'abuse pas de leur état de fertilité.

On nous objectera peut-être que dans le centre de la France, le plus
clair produit d'une exploitation est celui qui résulte de l'élevage des
bestiaux, principalement de l'espèce ovine, et que pour élever des moutons il
faut de grands parcours. Nous répondrons que c'est une erreur, une grave
erreur : le mouton du Centre n'a pas besoin d'un parcours plus étendu
que le mouton du Nord, et s'il lui faut une plus grande surface, c'est
parce qu'il n'y trouve rien ou presque rien à manger ; et comme il faut
en somme qu'il se nourrisse, il est obligé, pour trouver une chétive nourriture, de parcourir une grande surface. Que l'on remplace les parcours
qui ne produisent que quelques *canches, agrostis, joncs, carex* ou *oseilles,* par
des pâturages composés de plantes nutritives appropriées à la nature des
bestiaux que l'on veut élever, et bientôt les animaux seront moins cou-
reurs, se nourriront mieux, avec plus de facilité, on en verra la race
s'améliorer en peu de temps ; de plus le système de culture herbagère se
développant, le cultivateur pourra mettre tout le fumier de l'exploitation
sur la sole réservée pour la culture active, qui, étant plus restreinte, rece-
vra une fumure plus énergique, sera mieux et plus vigoureusement tra-
vaillée, produira davantage et par conséquent plus économiquement.

La culture herbagère est la seule qui, dans la situation agricole actuelle de la généralité des exploitations du centre de la France, permette de pratiquer avantageusement les améliorations culturales; ce système de culture ne change pas les habitudes du cultivateur, il exige moins de main-d'œuvre, et peut s'appliquer partout sans augmentation immédiate de capital.

C'est une question très-importante sur laquelle il est urgent d'appeler l'attention des propriétaires et surtout celle des sociétés d'agriculture et des comices qui, par des primes et des encouragements qu'ils accorderaient aux agriculteurs qui entreraient franchement dans la voie des cultures pastorales, aideraient au développement du système, et bientôt les cultivateurs récalcitrants, convaincus par les succès de leurs voisins, abandonneraient leurs coutumes routinières pour une méthode qui leur occasionne moins d'embarras et surtout moins de frais, et qui leur procure des bénéfices plus grands et plus certains que la culture des céréales, qui le plus souvent les laisse en perte parce qu'ils ne peuvent la faire que dans de mauvaises conditions.

Mais si la culture des terres arables réclame des améliorations, il ne faut pas oublier que les prairies naturelles en réclament de non moins grandes, et qu'elles doivent former la base de la bonne culture; nous pensons donc qu'il convient de donner d'abord quelques indications sur les améliorations dont elles sont susceptibles.

AMÉLIORATION DES PRAIRIES NATURELLES.

Les prairies naturelles sont les véritables mamelles nourricières de la ferme ; on gaspille trop souvent leurs richesses et on semble vouloir les détruire au lieu de les augmenter. Cependant elles ne réclament qu'un peu de soin pour rendre avec usure ce qu'on leur donne ; par contre, si, par une coupable négligence, on les oublie, elles causeront la ruine du fermier et même du propriétaire : du fermier, parce que, au lieu d'une nourriture succulente et appétée par les animaux, il ne récoltera plus que des *joncs*, des *laiches* et des *herbes sures* qui ne peuvent nourrir convenablement les animaux, et leur font contracter les maladies qui trop souvent les déciment ; et du propriétaire, dont la propriété sera dépréciée par cela même que les fermiers s'y ruinent, et qui verra ainsi diminuer son revenu et son capital foncier.

En général, on laisse à la nature le soin des prairies naturelles, on ne fait aucun frais pour leur entretien ; on récolte les produits sans souci de l'avenir, et sans se préoccuper si par l'enlèvement successif des récoltes sans compensation on n'appauvrit pas le sol ; si les éléments qu'on enlève peuvent se reconstituer en quantité suffisante pour continuer toujours la production. De cette manière de procéder il résulte que les prairies se détériorent, que les herbes nutritives de la famille des *graminées* et des *légumineuses* disparaissent peu à peu et sont successivement remplacées par des plantes de la famille des *juncées*, des *cypéracées*, des *polygonées*, etc.; que la quantité diminue dans une proportion encore plus forte que la qualité, et que finalement on n'a plus qu'un mauvais pâturage en remplacement d'une excellente prairie. Alors on se lamente et on se plaint du temps, de la terre, etc., lorsqu'il faudrait tout simplement s'en prendre à soi, et reconnaître que tout le mal ne provient que d'un défaut de soins et du manque d'engrais ou d'amendements.

Les prairies pas plus que les terres en labour ne sauraient produire indéfiniment. On ne doit pas oublier que *rien ne vient de rien*, et qu'on doit restituer au sol les éléments que les récoltes lui enlèvent, si l'on veut maintenir la végétation ; car si l'on attend pour renouveler les richesses amassées depuis longtemps dans le sol qu'elles soient épuisées, on éprouvera des pertes certaines, et il en coûtera davantage pour rétablir la fertilité ; et si l'on agit comme le font malheureusement encore beaucoup de cultivateurs, c'est-à-dire si on laisse à la nature le soin de fertiliser la terre, on verra bientôt languir la végétation en même temps qu'elle changera de nature.

Chaque 1,000 kilogrammes de foin qu'on enlève contient en moyenne :

Carbone,	828	kilogrammes,
Cendres minérales,	62	»
Humidité,	110	»

Les 62 kilos de cendres sont composés de :

Potasse	16 k.	949	*Report.*	51 k.	770
Soude	1	455	Acide phosphorique	3	286
Chaux	9	578	» sulfurique	1	798
Magnésie	5	166	» carbonique	3	410
Silice	18	250	Chlore	1	736
Oxydes métalliques		372			
A reporter	51	770	Total	62 k.	000

Si nous prenons comme produit moyen d'un hectare de bonne prairie 4,000 kilos de foin, il résultera qu'on aura enlevé chaque année en carbone 3,312 kilogrammes ; en potasse, soude, chaux et magnésie, plus de 132 kilogrammes, et en acides phosphorique, sulfurique et carbonique, environ 34 kilogrammes par hectare. Or, sous peine de voir diminuer la fertilité du sol, il est indispensable de lui restituer l'équivalent de ce qu'on en enlève.

Cette restitution peut être faite, soit par des fumures, soit par des amendements, soit par des irrigations avec des eaux limoneuses qui laissent un dépôt fertile sur le sol, soit encore pour une notable partie par le travail de la terre. On doit nécessairement user du moyen qui sera le plus économique, et pour cela, avant de rien entreprendre, il est indispensable de se bien rendre compte des moyens améliorants dont on dispose, ensuite étudier la nature du sol et du sous-sol , et la nature des plantes, afin de connaître l'élément minéral qui fait défaut et qu'il est urgent d'apporter.

Nous allons essayer d'indiquer successivement les différents moyens d'améliorations applicables aux prairies afin de guider sûrement nos lecteurs. Nous prendrons pour base de nos indications les prairies qui bordent la rivière de l'Indre, et qui sont actuellement dans un état déplorable d'abandon.

La rivière de l'Indre prend sa source à la fontaine d'Indre, au village de Saint-Pierre-la-Marche, département du Cher. Après quelques kilomètres de parcours elle entre dans le département de l'Indre, sur le territoire de Perassay, traverse le département sur une longueur de 130 kilomètres en se dirigeant du sud-est au nord-ouest et passant par la Châtre, Châteauroux, Buzançais et Fléré-la-Rivière, au-dessous duquel elle entre dans le département d'Indre-et-Loire.

Le régime de ses eaux est extrêmement variable : de minime importance pendant les sécheresses, dans la saison des pluies, principalement de mi-décembre à mi-février, elle prend les proportions d'une grande rivière, sort fréquemment de son lit, et couvre alors les prairies qui la bordent sur toute la longueur de son parcours.

Ces inondations sont d'autant plus utiles lorsqu'elles arrivent avant ou après la végétation, qu'elles seules restituent au sol, par le limon qu'elles laissent, les éléments que l'on enlève par les récoltes ; elles sont au contraire désastreuses lorsqu'elles ont lieu au printemps et avant l'enlèvement des foins. Toutefois, le règlement d'eau des nombreuses usines qui existent sur le parcours de la rivière remédiera en grande partie à cet inconvénient, qui disparaîtrait même presque complétement par le curage et le redressement du lit de la rivière.

La pente moyenne des prairies de l'Indre est d'environ un millième, et partout où il y a eu possibilité de faire dévier les eaux et d'établir une chute, on a créé une usine.

Il résulte de cette disposition et du peu de soins des usiniers que pendant les périodes de pluie il y a inondation, et souvent inondation désastreuse, et qu'en temps ordinaire une grande partie de l'eau qui pourrait être utilisée pour les besoins de l'agriculture, est complétement perdue et pour les usiniers et pour les agriculteurs.

Le sol des prairies est composé d'argile et de silice avec une notable quantité d'oxydes métalliques; l'analyse chimique n'y fait découvrir qu'une faible quantité de calcaire et seulement des traces de phosphates. Il repose sur un sous-sol à peu près de même nature, mais beaucoup plus argileux, et dans lequel le principe calcaire fait également défaut.

Ce sol, qui est épuisé par des récoltes successives, et dans lequel les éléments minéraux les plus indispensables à la formation des végétaux, principalement à ceux de la famille des graminées et des légumineuses, manquent presque complétement, est maigre, manque de principes azotés, et, par contre, renferme en excès des fibriles végétales non assimilables; il ne saurait dans cet état produire des fourrages substantiels.

Dans les parties basses où l'humidité domine, où l'eau reste stagnante, la végétation languit, la nature des plantes change davantage, et on ne récolte plus que des laiches et des joncs, c'est-à-dire de mauvaise litière au lieu de bon foin.

Il résulte de ces déplorables conditions, dont la plupart sont dues à l'inertie des propriétaires et des métayers, que les prairies vont en s'amoindrissant de plus en plus, qu'elles ne fournissent presque plus de foin, que celui qu'on récolte est de la plus mauvaise qualité et n'a qu'une valeur commerciale presque nulle, ne pouvant être consommé que par des animaux habituellement mal nourris et habitués à ce genre d'aliments.

Cet état de choses dans une contrée où l'agriculture est véritablement en progrès est tout à fait anormal et ne saurait durer plus longtemps. Tous les agriculteurs le comprennent et reconnaissent l'utilité de transformer complétement le système suivi malheureusement trop généralement par le métayage, qui consiste à cultiver de grandes surfaces en grains au préjudice des fourrages ; déjà quelques propriétaires sont entrés dans la voie du progrès, et la réussite la plus complète a couronné leurs efforts. Espérons qu'ils trouveront de nombreux imitateurs.

Les travaux à entreprendre pour améliorer les prairies peuvent se diviser en plusieurs séries ; les uns doivent être faits par le propriétaire et rester à sa charge pour une grande part : ce sont les assainissements partiels, soit par des terrassements, soit par le drainage; les autres concernent entièrement le métayer : ce sont les transports des matériaux, le travail du sol, les soins à donner aux herbages, l'arrachage des plantes nuisibles, les engrais et les amendements. Cependant pour ces derniers le propriétaire doit nécessairement intervenir, puisque l'engrais et l'amendement augmentent non-seulement les récoltes, mais encore augmentent en réalité la valeur vénale de la terre, avantage dont il profite seul. De plus le propriétaire prélevant ordinairement la moitié des produits, il est juste qu'il entre pour une part dans les frais extraordinaires que nécessitent les modifications culturales.

Il est encore des améliorations qui doivent être entreprises en communauté par la réunion de plusieurs propriétaires ayant des prairies contigües, ou mieux par des syndicats qui dirigeraient les opérations dans l'intérêt général, comme cela se pratique dans quelques pays, et principalement dans le Nord, où l'assainissement de toute une contrée est dévolu à une administration qui fonctionne sous le titre de *Waeteringhes*, dans l'intérêt de tous, sans qu'aucun des propriétaires ou cultivateurs ait à s'occuper de l'assainissement de ses terres ni des grands fossés dans lesquels se déversent les eaux; de cette manière jamais de contestations, jamais de ces rivalités jalouses qui arrêtent le progrès au préjudice de tous. Il serait donc à désirer que les grands travaux d'assainissement et d'irrigations fussent confiés à des associations qui opéreraient plus économiquement, et aplaniraient une foule de difficultés qui surgissent à chaque pas lorsqu'il s'agit de faire des travaux d'amélioration dans un pays où la propriété est très-morcelée.

L'opération préalable, celle qui doit précéder tout essai d'amélioration, est l'*assainissement.*

ASSAINISSEMENT DES PRAIRIES.

L'assainissement peut s'obtenir de différentes manières, selon que la prairie est plus ou moins marécageuse, qu'elle présente plus ou moins de pente, que le sol est plus ou moins rétentif, argileux ou tourbeux, et selon les matériaux dont on dispose.

La première étude à faire consiste à se rendre exactement compte des causes de l'humidité constante ou périodique du sol; cette étude est indispensable, et c'est pour l'avoir négligée ou ne pas y avoir attaché assez d'importance que quelques essais d'assainissement ont été onéreux ou même ont complétement échoué.

L'excès d'humidité peut provenir de l'infiltration entre les couches de terre des eaux provenant des terrains supérieurs, de sources dont les eaux ne trouvent pas d'écoulement et inondent la terre qui les environne, de la rétentivité du sous-sol, de l'existence d'une nappe aquifère à une faible distance de la surface du sol, ou enfin de l'irrégularité de la surface du terrain.

Dans tous les cas, la première opération à entreprendre consiste à procurer un écoulement à l'eau, et pour ce faire, on peut employer soit le drainage, c'est-à-dire l'écoulement souterrain au moyen de tuyaux en terre cuite, de pierres ou de fascines, ou l'écoulement à ciel ouvert au moyen de fossés. L'assainissement souterrain est presque toujours le plus économique; il exige moins d'entretien, il ne fait pas perdre de terrain et ne divise pas la propriété.

Le drainage n'est pas une pratique nouvelle, il est connu dans toutes les parties de la France et a été employé depuis un temps immémorial par les cultivateurs pour l'enlèvement des sources,. etc. Ce qu'il y a de nouveau dans cette pratique, c'est le nom et l'emploi des tuyaux en terre ; or, l'emploi des tuyaux s'est généralisé parce qu'il est plus économique que l'emploi des pierres, et parce qu'il présente plus de garanties de durée ; de plus, on peut drainer en employant des tuyaux, avec quelques millimètres de pente par mètre, tandis que si l'on emploie des pierres brisées, il faut quelques centimètres, et cela parce que chaque pierre forme un barrage qui arrête l'eau, et que si la pente n'est pas assez forte, l'eau n'a pas d'écoulement ; de plus, à moins de soins très-grands dans l'exécution, les causes d'obstructions sont plus considérables.

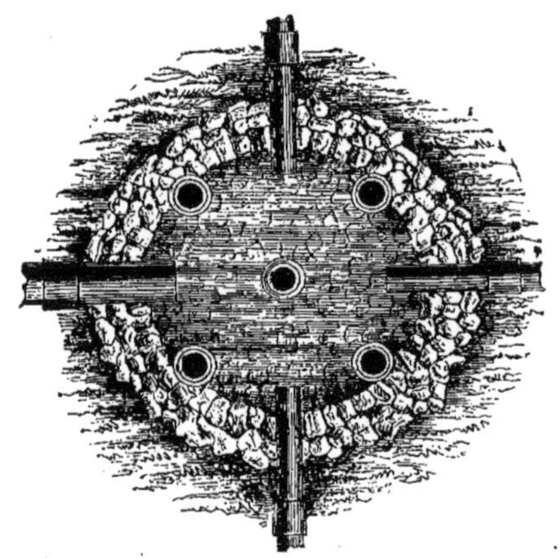

Fig. 1. — Drainage vertical pour l'enlèvement des sources. — Plan.

Pour drainer convenablement il faut néanmoins pouvoir poser les tuyaux au moins à 0^m,80 de profondeur et leur donner au minimum 0^m,002 de pente par mètre.

Il y a donc des positions où le drainage est impossible faute d'écoulement ; dans ce cas il faut faire des pierrées ou se contenter de diviser le sol en planches et faire des saignées, en ayant soin de jeter les terres au milieu de la planche afin de la bomber.

Les règles du drainage sont simples et d'une application facile : lorsqu'on a reconnu les causes de l'humidité, si elle est due à l'infiltration des eaux venant des terres supérieures, on s'en débarrasse souvent au moyen d'un simple [drain de [ceinture qui[coupe le filon d'infiltration ;

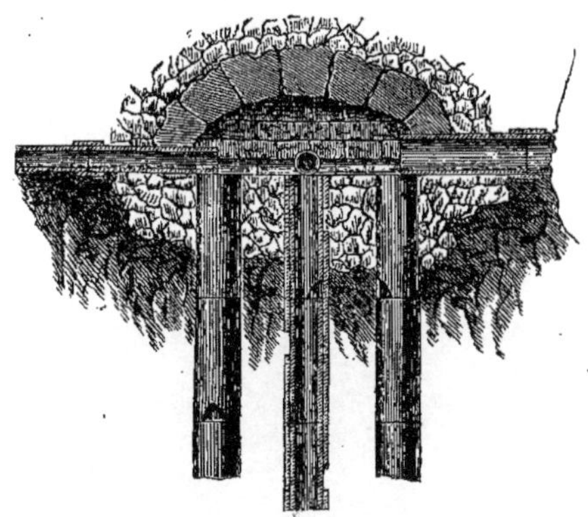

Fig. 2. — Drainage vertical pour l'enlèvement des sources. — Coupe verticale.

si l'on a à se débarrasser d'une source, on la dégage complétement et on creuse aussi profondément que possible; alors on pose verticalement dans la partie où l'eau bouillonne, une ou plusieurs files de drains composés de tuyaux entrés les uns dans les autres à joints coupés et arrêtés par un sabot en bois, comme dans la figure 3, qui représente en coupe la partie inférieure d'une file de drains préparés pour le drainage vertical. Suivant l'importance de la source, on pose une ou plusieurs files de drains, on les garnit comme le représente les figures 1 et 2 avec des pierres, ensuite on donne un écoulement à l'eau par un tuyau horizontal, et l'on finit de combler avec de la terre. On ne doit poser le tuyau d'écoulement qu'après avoir jaugé le volume d'eau débitée; il faut dans tous les cas que le tuyau soit d'un diamètre tel qu'il puisse débiter environ le double que le volume trouvé par le jaugeage.

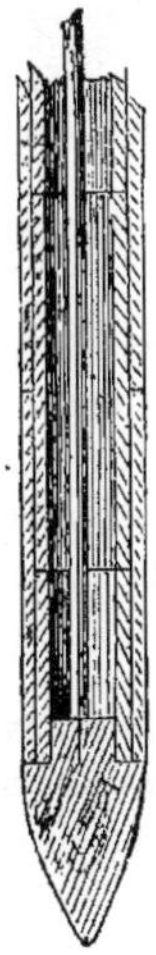

Si l'humidité provient de la nature rétentive du sol ou du sous-sol, c'est un drainage complet qu'on doit faire, afin de rendre la terre plus meuble et plus absorbante. — La figure 4 représente un drainage complet exécuté dans une prairie, le long d'une rivière. Les cotes indiquent la hauteur du sol au-dessus des eaux ordinaires; on remarquera que la

Fig. 3.
Coupe d'un
drain vertical.

pente est presque nulle. Ce drainage est exécuté depuis plusieurs années et fonctionne bien. Les drains n'ont vers l'extrémité que 0,70° de profondeur. AA est un fossé qui reçoit les eaux provenant des terres supérieurs. La figure 5 représente le drainage complet de deux prairies séparées par un chemin d'exploitation ; elles forment cuvette dans le sens de la longueur ; le drain collecteur remplace le fossé qui était placé dans le thalweg ; les courbes de niveau indiquent la pente du terrain comme l'indique la figure 6, qui représente un drainage exécuté très-économiquement au moyen de deux drains collecteurs et de quelques drains secondaires. La

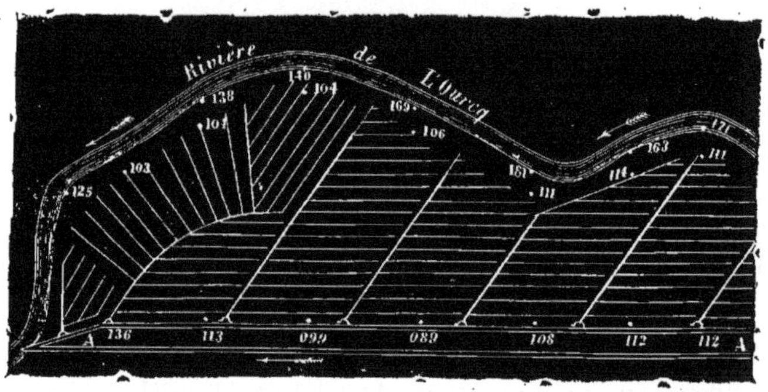

Fig. 4. — Drainage complet d'une prairie bordée par une rivière.

figure 7 représente une prairie marécageuse divisée par un ruisseau et recevant par infiltration les eaux des terrains supérieurs qui formaient sept sources ; elle a été assaini au moyen de quelques drains placés obliquement à la pente du terrain et sept files de drains verticaux. Nous pensons que ces exemples suffiront pour faire comprendre la manière d'opérer dans les différentes situations.

La profondeur des drains et leur écartement doivent être en rapport avec la nature du sol. Règle générale : dans les sols siliceux et les prairies, les drains doivent être profonds et écartés, et dans les sols fortement argileux, moins profonds et plus rapprochés.

S'il existe une nappe aquifère et que le terrain n'ait qu'une faible pente, il suffira le plus souvent pour obtenir un assainissement convenable de donner un écoulement à l'eau au moyen de quelques drains très-distancés.

Enfin si l'humidité est causée par l'irrégularité de la surface du sol qui, en formant des cuvettes, retient l'eau, il faudra niveler la surface par des terrassements. Cette dernière condition rentre dans l'amélioration individuelle, c'est-à-dire que ce travail doit être laissé à l'initiative individuelle du propriétaire ou du métayer, et ne peut entrer, à moins de conditions particulières, dans la série de travaux d'assainissement à entreprendre en communauté par plusieurs propriétaires ou par les communes.

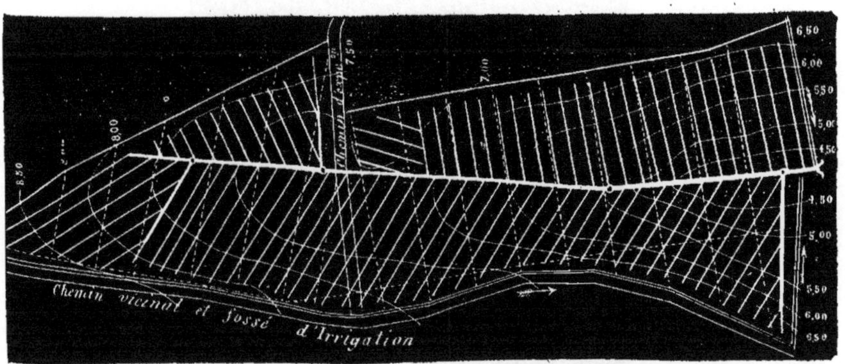

Fig. 5. — Drainage complet de deux prairies séparées par un chemin d'exploitation.

Quel que soit le moyen employé pour enlever la surabondance d'humidité, dès que l'assainissement sera obtenu, on pourra s'occuper des améliorations proprement dites.

On a vu par l'analyse du sol et par la nature des plantes qui croissent dans les prairies de l'Indre, que le sol manque de principes calcaires, de phosphore, et d'humus assimilable. Nous avons dit aussi que les améliorations applicables aux prairies devaient être faites, soit par les propriétaires du sol individuellement, soit par association, et que dans ce dernier cas il y avait toujours avantage et économie.

La première opération à faire, après que l'assainissement a été obtenu, consiste dans le hersage et le roulage des herbages. Ce travail ne réclame que peu de dépenses et même pas de débours ; il doit être fait à

l'automne avant les crues, ou, si c'est possible, au printemps, avant la
pousse des herbes ; il améliorera déjà considérablement la nature de la
prairie et en augmentera le produit dans une notable proportion.

Pour se convaincre des bons effets de cette pratique, il suffit d'étudier la manière dont se comportent les plantes. Si l'on regarde
une partie d'herbage bien enherbée, elle semble complétement garnie de

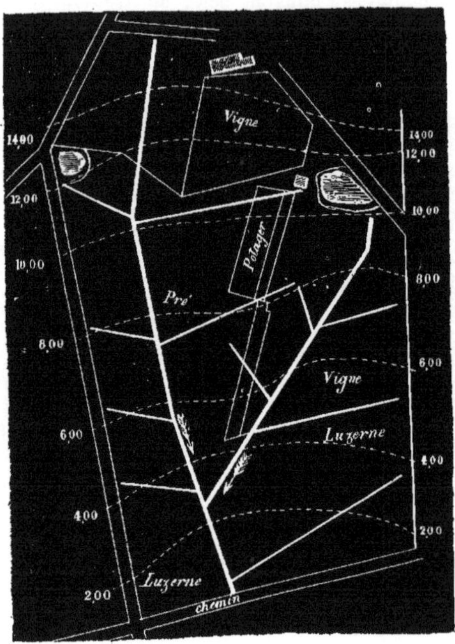

Fig. 6. — Abaissement de la nappe aquifère au moyen du drainage à grande distance.

plantes; mais en examinant plus attentivement on reconnaît bientôt que
chaque plant de graminée est entouré de fascicules, de feuilles mortes ;
si alors on épluche la plante en enlevant toutes les parties inutiles, on
sera étonné de la quantité de terrain que l'on aura dénudé et du peu
d'espace que la plante occupait utilement; or, par le hersage on fait
exactement la même opération : on dégage les plantes en enlevant les

parties mortes qui les étreignaient, les mousses et une partie des plantes inutiles ou nuisibles, on aère la terre et on la met à même de profiter des influences atmosphériques.

Les herbes arrachées par la herse doivent être amoncelées et soigneusement enlevées pour servir à la fabrication des composts dont nous avons à parler.

Le roulage après le hersage consolidera les plantes en tassant la terre sur les racines, et aidera aussi au tallement, qui augmentera le produit.

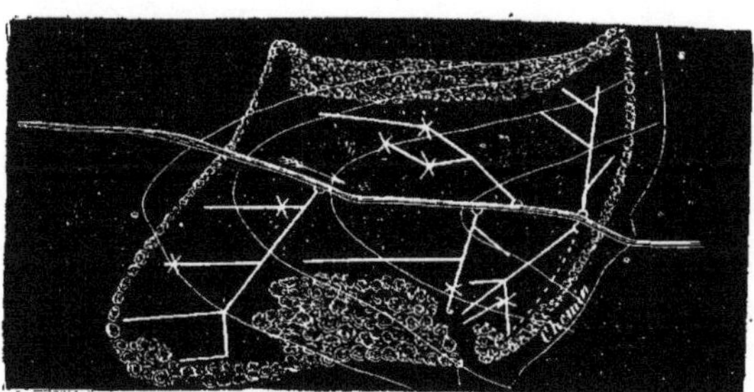

Fig. 7. — Drainage d'une prairie marécageuse.

Les opérations que nous venons de recommander augmenteront incontestablement les produits et même les amélioreront, mais elles ne sauraient suffire pour mettre en état des prairies épuisées depuis longues années. Il est donc indispensable de compléter cette première opération par l'apport des éléments minéraux qui manquent dans le sol, et qui par conséquent ne peut les transmettre aux plantes, qui alors restent incomplètes et peu nutritives.

AMENDEMENT DES PRAIRIES.

L'opération la plus économique par laquelle on peut rendre au sol le principe calcaire qui y fait le plus ordinairement défaut, est le *chaulage*.

Appliquée sur des prairies de la nature de celles de l'Indre, la chaux agira par son principe en fournissant au sol l'élément calcaire qui y fait défaut et qui cependant est indispensable au développement des plantes.

Elle rendra soluble une quantité de matières organiques inertes et difficilement décomposables, et les transformera en produits facilement assimilables par les plantes, et par conséquent en excellent engrais.

Elle mettra en décomposition les éléments minéraux du sol, produira des silicates et mettra en liberté les alcalis que l'argile contient.

Elle neutralisera surtout l'acidité des terres, détruira les plantes aigres, et fera passer à l'état d'ammoniaque l'azote contenu dans les matières végétales que le sol renferme en grande quantité, et qui ne se décomposent qu'avec une extrême lenteur.

Ces excellents effets produits par la chaux sur les prairies ne sont ni théoriques, ni hypothétiques : l'expérience pratiqué a prononcé ; c'est à son emploi que les prairies du département de la Manche, une partie de celles du Calvados et de la Mayenne, doivent leurs excellents produits.

La chaux s'emploie de différentes manières ; celle qui nous paraît devoir mériter la préférence consiste dans son emploi sous forme de *compost*, c'est-à-dire mélangée avec diverses matières. On fait un carré proportionné à la quantité de chaux qu'on veut employer, et on forme un premier lit d'environ 20 centimètres d'épaisseur avec des mottes tourbeuses, des mauvaises herbes, des détritus de toute espèce, des curures de mares ou de fossés, des boues, des débris de démolition, etc., toutes substances riches en sels divers, nitrates, etc. Sur ce premier lit on répand uniformément un lit de chaux que l'on recouvre ensuite d'un lit de substances qui doivent former le compost, et l'on continue ainsi à monter un tas de 1m,50 à 2 mètres de hauteur, toujours en posant alternativement un lit de débris divers et un lit de chaux. On a soin de bien rabattre les parois extérieures et de bomber un peu le dessus afin d'empêcher la pénétration de la pluie dans l'intérieur de la motte; on laisse le tout en repos pendant un mois ou deux, ensuite on recoupe verticalement afin d'opérer le mélange, et on forme une nouvelle masse qu'on laisse encore en repos pendant un mois environ. Après ce temps on peut l'épandre sur la terre.

En Normandie on emploie la chaux d'une manière différente, mais qui nous paraît moins avantageuse que celle que nous venons d'indiquer. On la dépose le long d'une des rives de la prairie, généralement en amont, surtout si la prairie est submersible, et on la recouvre avec des gazons enlevés sur les bords les plus élevés de la prairie ; on appelle cela faire des *tombes*. On laisse la chaux bien se déliter, et ensuite on la transporte sur la prairie au moyen de tombereaux ou à la brouette, selon la distance à parcourir.

La quantité de chaux à employer par hectare est très-variable. Dans certaines localités on emploie jusqu'à 200 hectolitres et l'effet se fait sentir pendant sept à huit ans; dans d'autres on n'emploie que 8 à 10 hectolitres pour durer trois ans. Selon nous, il y a exagération dans les deux cas : l'un en met trop, l'autre trop peu. Dans la plupart des cas, 50 hectolitres de chaux grasse nous semblent une bonne moyenne; l'expérience a prouvé qu'il valait mieux chauler moins énergiquement et recommencer plus souvent.

Dans beaucoup de localités on fume les prairies autant que les terres à labour, et même plus; mais dans les conditions actuelles de culture des départements du Centre on ne peut conseiller l'emploi du fumier de ferme sur les prairies que dans les exploitations déjà en voie de progrès, et encore seulement sur celles qui ne sont pas submersibles, parce qu'il serait à craindre qu'une crue subite vînt en enlever la majeure partie.

Mais si l'on réserve le fumier pour les terres en culture, on pourrait au moins tirer parti du purin, qui dans la plupart des métairies et des fermes est complétement perdu. Il n'est pas besoin pour cela de citernes construites à grands frais ; il suffit d'établir en contre-bas de l'emplacement destiné au fumier une fosse de 1 mètre à 1^{m},50 de profondeur, et d'une superficie en rapport avec l'importance de l'exploitation. Si le sol dans lequel on établit la fosse est perméable, on y remédie en l'entourant d'un bon corroi de terre glaise et on la couvre avec des bourrées ou du bois. Comme on le voit, la construction d'une semblable fosse à purin n'est pas onéreuse ; elle n'en rendra pas moins de grands services, et permettra de recueillir et d'utiliser la partie la plus fertilisante des engrais. Pour le transport du purin dans les prairies, on peut se servir d'un tonneau à vin de grande dimension : on établit une bonde dans un des fonds et on pose le tonneau dans un tombereau ; on a ainsi économiquement un tonneau à purin. Pour l'épandre, on le fait couler sur une planche munie de chevilles, ou percée de trous. Comme on le voit, cette petite installation n'est pas coûteuse et elle permettrait d'engraisser les prairies avec économie.

EMPLOI DES EAUX. — IRRIGATIONS.

Le besoin d'humidité pour établir et développer la végétation et les avantages qui résultent de l'irrigation des prairies sont admis par tous les cultivateurs ; sur ce point, il y a accord unanime et par conséquent point de controverse, mais ce que beaucoup ignorent, c'est que l'emploi de l'eau en agriculture produit des effets différents selon qu'elle est employée pour humecter les terres et favoriser la végétation, ou pour leur fertilisation en leur abandonnant les matières fertiles qu'elle tient en suspension.

Cette distinction a été clairement établie par M. Nadault de Buffon dans son *Traité théorique et pratique des irrigations*, et voici comment il s'exprime :

.... On ne doit pas perdre de vue que l'irrigation d'été, qui fait produire au sol infiniment plus qu'il ne produirait livré à ses forces naturelles , est généralement très-épuisante , de sorte que, quand même les eaux sont de bonne qualité, elles agissent plutôt comme stimulant que comme moyen réparateur, exigeant en conséquence la ressource supplémentaire des engrais , qui sont toujours coûteux et diminuent les produits nets de l'arrosage. Là où l'on a voulu s'affranchir de cette obligation, on est arrivé aux plus fâcheux résultats.

Il me reste à parler spécialement des avantages que présente l'emploi des eaux courantes lorsqu'elles n'ont plus pour objet de procurer à la terre desséchée par un climat méridional l'humidité qui lui manque ; mais lorsqu'elles servent, en hiver, au printemps ou à l'automne, à restituer aux terrains cultivés, aux champs comme aux prairies, les principes les plus essentiels qui leur sont continuellement enlevés par la végétation. (T. III, p. 454.)

Il est en effet notoirement reconnu que les terres qui reçoivent des arrosages pendant l'été donnent plus de produit, mais par contre elles réclament des engrais pour entretenir leur fertilité ; tandis que l'arrosement d'automne, d'hiver ou de printemps fertilise la terre au lieu de l'épuiser. Il est très essentiel de tenir note de cette différence d'action ; cette observation conduit à profiter de l'eau autant que faire se pourra pendant les saisons froides et tempérées, et seulement d'en disposer pour les besoins urgents pendant l'été ; on sait aussi que l'effet produit par l'eau est plus énergique dans les pays chauds et secs que sous les climats froids et humides.

Les irrigations fournissent aux plantes l'eau nécessaire à leur constitution. Cette eau agit sur elles par ses principes constituants, l'oxygène et l'hydrogène ; entretient l'évaporation et la transpiration, rend le sol perméable et pénétrable aux racines, dissout les principes contenus dans la terre que les plantes ne peuvent s'assimiler qu'à l'état de dissolution ; enfin, elle agit encore par les matières qu'elle renferme en cédant au sol les éléments fertilisants qu'elle tient en suspension et même en dissolution ; elle apporte ainsi aux plantes des principes qu'elles ne trouvent plus dans le sol ou qui s'y trouvent en quantité insuffisante. Enfin, lorsque les eaux sont troubles, elles concourent au renouvellement et à l'augmentation du sol arable en lui cédant le limon qu'elles tiennent en suspension.

L'eau peut exercer sur la végétation une action malfaisante et nuisible lorsqu'elle est stagnante, que la végétation est très-active, que le terrain est maigre et desséché, qu'il est aride, qu'on l'applique pendant que la chaleur est forte et les rayons du soleil ardents, et surtout si elle est crue ou ferrugineuse ; par opposition, ses effets sont d'autant plus favorables qu'elle passe plus rapidement sur le sol (dans une certaine limite néanmoins), que l'irrigation a lieu pendant la période d'arrêt de la végétation, et que le terrain est plus riche.

Le procédé le plus simple pour déterminer la qualité de l'eau consiste à examiner la végétation qu'elle produit dans des circonstances semblables à celles de l'emploi que l'on en veut faire , sur les terrains qu'elle traverse. Si les plantes sont de bonne espèce, il y a tout lieu de croire qu'elle est de bonne qualité ; si le contraire a lieu, c'est-à-dire si elle ne produit que des *joncs* et des *laiches*, il est nécessaire de la corriger avant de l'employer.

Les meilleures eaux sont celles qui, pendant un long parcours , traversent des terres fertiles, et les eaux de pluie amenées des champs , des rues ou des cours de fermes, et qui sont recueillies dans des réservoirs.

Les plus mauvaises sont celles qui tiennent en suspension des matières ferrugineuses, qui ne dissolvent pas le savon, qui forment des incrustations calcaires, qui sont très-froides, qui proviennent des forêts de chênes, ou qui sortent des marécages.

On améliore l'eau destinée à l'irrigation en la faisant passer dans des réservoirs dans lesquels on met des matières putrescibles, des fumiers, de la chaux , ou même des branches d'arbres résineux.

Nous avons dit précédemment que de nombreuses usines sont établies sur la rivière l'Indre, que la pente moyenne n'est que d'environ 1 millième, que cette rivière est sujette à de fréquents débordements, que le sol est maigre et perméable, et qu'il manque de principes minéraux. Nous savons aussi que le climat est extrême, c'est-à-dire que pendant l'été il y a des sécheresses excessives qui arrêtent toute végétation, et que les périodes de grandes humidités succèdent presque sans transition aux périodes de sécheresses.

Dans cette situation, les prairies naturelles ne peuvent devenir productives qu'à la condition d'être *amendées* et *irriguées*. Nous avons déjà traité la condition des amendements, reste à développer celle des irrigations.

Les irrigations de ces prairies se font naturellement, par les fréquents débordements qui ont lieu en automne et pendant l'hiver ; alors les eaux sont fertilisantes, et les matières qu'elles laissent sur le sol entretiennent la faible fertilité des prairies ; mais souvent aussi elles ont lieu au printemps lorsque les plantes sont en pleine végétation, alors elles sont nuisibles, souvent désastreuses et détruisent les récoltes. Comme nous l'avons dit précédemment, ce dernier inconvénient disparaîtra en grande partie par le curage et le redressement de quelques parties de la rivière, et par le règlement des niveaux des usines. Ces conditions sont à peu de chose près les mêmes sur toutes les rivières et les ruisseaux des départements du Centre. Partout on rencontre la même ineptie et la même négligence.

Dans l'état actuel il n'y a irrigation que lorsque la rivière déborde, et bien souvent les crues font couler la rivière à pleins bords sans qu'elle submerge les prairies ; alors les eaux fertilisantes sont complétement perdues, tant pour l'usinier, qui a de l'eau en trop grande abondance, que pour l'agriculture, qui ne peut en profiter.

Pour faire changer cet état de choses et permettre de profiter des eaux en tout temps, il faudrait soumettre les prairies à un système d'irrigation régulier qui permettrait d'employer au profit de l'agriculture toute la quantité d'eau que l'on pourrait prendre à la rivière sans léser les droits acquis des usiniers.

Le besoin d'eau pour les prairies se fait principalement sentir pendant les printemps secs, et après la première coupe des foins, alors que la rivière déborde rarement, quoique souvent il y ait plus d'eau que les usiniers peuvent en employer : c'est cette eau qu'il faudrait utiliser au profit des herbages.

L'établissement de l'irrigation proprement dite peut se faire : 1° par *submersion* en couvrant la surface d'une nappe épaisse d'eau dormante ou n'ayant qu'une très-faible vitesse ; 2° par *déversement* ou *ruissellement*, en faisant couler l'eau à la surface en lames minces, au moyen de rigoles constamment remplies et débordant par leur bord inférieur ; 3° par *infiltration* dans des rigoles ouvertes d'où l'eau arrive aux racines des plantes en coulant par son propre poids dans les interstices du sol.

Le premier mode est celui dont l'emploi serait préférable dans la plupart des circonstances et qui exigerait le moins de frais ; il conviendrait surtout après la coupe des foins, et permettrait d'obtenir du regain ; mais il est à craindre que les besoins des usines ne laissent pas à la disposition de l'agriculture une assez grande quantité d'eau, surtout après une période de sécheresse, alors que la terre, très-absorbante de sa nature, le devient encore davantage par suite de l'abaissement considérable de la nappe d'eau dans le sous-sol. Il faudrait de toute manière disposer le terrain de telle sorte que l'eau puisse être complétement enlevée à un moment donné.

Le *déversement* ou *ruissellement* n'est applicable que sur des prairies ayant au moins 2 centimètres par mètre de pente ; c'est le mode le plus fréquemment employé lorsqu'on peut l'appliquer sur un terrain naturellement en pente, ou sur lequel on établit des pentes artificielles qui en permettent alors l'emploi. L'application de ce mode serait très-onéreuse dans les prairies de l'Indre et nécessiterait un complet défrichement; mais il pourrait s'établir avec facilité et peu de frais le long des nombreux ruisseaux qui présentent une pente suffisante..

Le mode d'irrigation par *infiltration* est celui qui nous semble devoir être employé de préférence dans l'Indre ; la nature perméable du sol permettrait presque généralement de combiner un double système de submersion et d'infiltration qui permettrait d'inonder complétement la prairie lorsqu'on disposerait d'une grande quantité d'eau, et alors que la submersion ne serait pas nuisible aux récoltes, et d'employer seulement l'infiltration lorsque les plantes seraient en pleine végétation. Cette double combinaison ne nécessiterait que des dépenses minimes eu égard aux avantages qu'elle procurerait, et combinée avec l'assainissement et avec le chaulage, elle permettrait la rénovation des prairies de la vallée de l'Indre, dont l'influence se ferait sentir sur toute l'agriculture de la contrée.

AMÉLIORATIONS DES TERRES EN CULTURE.

Les améliorations agricoles ne peuvent aider au développement du progrès dans la contrée où on les applique qu'autant qu'en permettant de produire plus économiquement, elles augmentent le bien-être du cultivateur ; elles ont d'ailleurs toujours besoin d'être étudiées scrupuleusement, et doivent être préparées de longue main, sinon elles sont onéreuses, et le plus souvent ne donnent que des mécomptes. C'est malheureusement ce qui est arrivé à ces esprits trop ardents, qui ont cru pouvoir introduire dans le centre de la France, tout d'un coup et de prime abord, la culture perfectionnée de la Beauce, de la Brie, de la Flandre, etc., sans s'occuper de la différence du climat, de la nature des terres, des usages, des circonstances locales, etc. Presque tous ont échoué, et cet insuccès a eu pour résultat non-seulement de ruiner les innovateurs, mais encore d'augmenter beaucoup la défiance naturelle des gens du pays, qui, dans leur routine aveugle, ne sont que trop portés à repousser sans examen toutes les idées nouvelles, de quelque part qu'elles viennent, et ne se décident à essayer les modifications les plus simples et les plus rationnelles que lorsqu'une longue suite de succès les force de se rendre à l'évidence.

Mais à côté de cette routine aveugle et de l'inertie qui repousse sans examen toutes les innovations, il y a la *raison d'être,* fruit de l'expérience accumulée depuis des siècles, et de laquelle on ne doit s'écarter qu'avec la plus grande circonspection.

Avant d'entreprendre dans un pays des améliorations agricoles et d'y introduire des immigrations, il y a à examiner quels sont les usages qu'il convient de conserver, quels sont ceux qu'on peut modifier ; quelles sont, dans l'état actuel des choses, les amélioratious possibles et profitables ; enfin quels moyens il faut employer pour arriver le plus promptement et le plus économiquement à ces améliorations. La question économique est surtout d'une grande importance, et c'est celle que l'on néglige le plus souvent, ou au moins dont on ne se rend compte qu'imparfaitement et presque toujours trop légèrement.

Il y a trois modes d'exploitation des propriétés rurales tout à fait distincts : le *faire-valoir* direct ou par domestiques, le *fermage* et le *métayage*. Chacun de ces modes a ses partisans et ses détracteurs parfois trop exclusifs, et a cependant sa raison d'être : toutefois chacun de ces modes d'exploitation doit recevoir des modifications suivant les circonstances particulières qui font qu'inacceptable dans certaines conditions, il devient au contraire lucratif et préférable dans d'autres ; on oublie trop souvent qu'en agriculture plus qu'en aucune autre industrie il n'y a rien d'absolu, et que ce qui est bon et avantageux dans un cas donné, peut devenir impraticable et onéreux dans un autre.

Nous allons successivement examiner ces trois modes de faire valoir en nous basant non pas sur des hypothèses, mais sur des faits accomplis et dont on peut vérifier l'exactitude. Les chiffres que nous indiquerons ont été relevés sur des livres de comptabilité régulièrement tenus, et nous les garantissons de la plus rigoureuse exactitude.

PREMIER MODE

EXPLOITATION PAR LE PROPRIÉTAIRE.

Domaine de la Choltière.

La Choltière a été achetée par MM. le comte de Basterot et Cornali d'Almenno ; elle appartient maintenant tout entière à M. de Basterot, mais M. d'Almenno seul s'occupe de la culture.

Configuration du sol. — Le domaine de la Choltière est situé à 4 kilomètres de la ville du Blanc (département de l'Indre), sur le plateau qui sépare la vallée de la Creuse de celle de l'Indre ; ce plateau a pour base de grandes masses de calcaire jurassique en couches brisées, fortement inclinées et creusées de nombreuses cavernes, appelées *gouffres* dans le pays. Quelques petits cours d'eau, tels que le Suin, s'y engloutissent et s'y perdent. Il résulte de cette constitution géologique du sol, que les sources y sont rares, et que les forages à l'effet d'établir des puits artésiens offriraient peu de chances de succès, à moins de les pousser à de très-grandes profondeurs. Le calcaire est recouvert par des couches irrégulières d'argiles siliceuses, contenant des amas irréguliers de silex et de sable. En plusieurs endroits, la couche calcaire vient affleurer à la surface, et alors la vigne et le noyer attestent sa proximité. Dans la partie centrale du plateau, les argiles dominent ; elles sont accompagnées de couches de grès argileux et ferrugineux imperméables, et forment la base du pays à étangs, nommé la *Brenne*.

Le domaine de la Choltière est placé sur la lisière de la Brenne, non loin des coteaux qui bordent la vallée de la Creuse ; il suit de cette position que dans une partie du domaine, le calcaire se trouve à fleur de terre, et que la couche argileuse, avec ses sables, ses blocs et ses cailloux de silex, s'étend sur le reste. Cette partie était couverte, lors de l'achat de la propriété, de brandes ou bruyères, mais depuis longtemps il n'en existe plus sur le domaine.

Comme il ne s'y trouve ni ruisseau, ni source, on a dû s'occuper à recueillir avec soin les eaux pluviales, au moyen de rigoles, tantôt à ciel ouvert, tantôt établies souterrainement ; les eaux amenées par ces rigoles se réunissent dans un grand bassin de 2^m,30 à 2^m,60 de profondeur situé devant la maison d'habitation, dans trois abreuvoirs dont deux sont situés dans la cour de la ferme et le troisième à l'extrémité de la propriété ; ce dernier sert tant pour l'usage du domaine que pour celui du hameau contigu de la *Coulaudière*. Les eaux très-pures provenant du toit de la maison d'habitation qui est recouverte en ardoises, sont reçues dans un puisard d'où elles se rendent dans une citerne construite il y a quelques années, et qui depuis a toujours fourni l'eau potable et nécessaire à tous les besoins du ménage. Cette citerne, construite au moyen d'une dépense de 150 francs seulement, a remplacé avec un immense avantage l'ancien puits qui n'avait pas moins de 32 mètres de profondeur, et qui ne fournissait l'eau que de médiocre qualité.

Constitution du sol. — Le sol arable du domaine de la Choltière est partout extrêmement mince et peu fertile ; les champs étaient autrefois couverts d'innombrables cailloux de silex, dont les grands blocs à fleur de terre empêchaient les labours et brisaient les instruments ; ces cailloux ont maintenant disparu ; ils ont été employés à faire des chemins d'exploitation, ou sont enfouis dans les drainages ainsi qu'on le verra plus loin.

Des labours de plus en plus profonds ont augmenté successivement et augmentent encore d'année en année l'épaisseur de la couche arable.

Climat. — Le climat de la Choltière est beau, sauf la très-grande chaleur de quelques jours d'été, et quoiqu'elle soit de courte durée, elle l'est cependant assez pour exercer une action fâcheuse sur cette terre privée d'eau, et rend incertaine la production des plantes fourragères de la famille des légumineuses. Les betteraves en souffrent au point d'en rendre la culture impossible. Des essais fréquemment répétés sous diverses conditions ont prouvé qu'il fallait renoncer à cette précieuse culture. Plusieurs fois on a essayé de les arroser avec des eaux mêlées de purin ; mais cette opération, sur laquelle on fondait quelque espoir, n'a pas donné de bons résultats et on a dû l'abandonner.

Débouchés. — Commerce des produits agricoles, etc. — Les excellentes routes qui sillonnent en tous sens le département de l'Indre, la proximité de la ville du *Blanc*, et les nombreuses foires des environs, offrent de grandes facilités pour la vente et pour l'achat des denrées ; de plus, le blé de la Choltière, étant connu pour ses qualités exceptionnelles, est très-recherché par les minotiers ; on en a même expédié à Paris, sur demande, ainsi que nous le dirons plus loin. Les bœufs et les moutons gras se vendent ordinairement à Paris.

Main-d'œuvre.— Prix de la journée.— Domestiques.— Peu de propriétaires faisant valoir par eux-mêmes, et le métayage étant le système adopté par la grande majorité, il s'ensuit que l'on se procure assez de journaliers pour l'état actuel de la culture du pays. Les journaliers gagnent l'hiver 1 fr. par jour, l'été 1 fr. 25 c., et pendant les six semaines de la moisson, 2 fr. par jour ; toutefois, il faut bien observer qu'ils ne sont généralement pas vigoureux, et qu'en somme la main-d'œuvre revient aussi cher que dans certains pays où les journaliers gagnent 2 fr. et 2 fr. 50 c. par jour.

Souvent les journaliers se louent pour le temps de la moisson moyennant 8 doubles décalitres de froment, 8 doubles décalitres d'orge et leur nourriture, puis ils battent la récolte au treizième, c'est-à-dire que sur 13 doubles décalitres de grains battus, ils en prélèvent un pour eux.

Les femmes ont 0 fr. 50 c. par jour l'hiver, 0 fr. 60 c. l'été, et pendant le temps que dure la moisson, 1 fr. 25 c. ; ou bien elles se louent, alors elles sont nourries et reçoivent pour salaire 4 doubles décalitres de fro-

ment et 4 doubles décalitres d'orge. La durée de la moisson est ordinairement de six semaines, c'est au moins pour ce temps que se louent les
moissonneurs.

Pour l'exploitation de la Choltière, on a adopté le système suivant,
comme étant moins embarrassant en même temps que très-économique.

On engage une famille composée de cinq personnes, dont deux hommes
forts, un garçon servant de bouvier et deux femmes qui soignent le troupeau et font le ménage de la famille; quand la famille qu'on engage n'est
pas composée de ce nombre d'individus, on y adjoint d'autres domestiques
pour le compléter.

Ils sont logés dans la ferme et préparent eux-mêmes leur nourriture.
Ils reçoivent par individu et par année les provisions suivantes, qui doivent être consommées par eux en entier à la Choltière.

Mouture (1/3 froment, 1/3 seigle, 1/3 orge)............ 6 hectolitres.
Haricots secs..................................... 10 litres.
Pommes de terre................................. 2 hectolitres.
Sel... 10 litres.
Huile... 6 litres.
Huile pour éclairage de tous les domestiques......... 12 litres.
Boisson (piquette).............................. 1 barrique.

De plus, par semaine, une douzaine d'œufs, deux fromages. On donne de
plus 1 fr. 25 c. pour acheter de la viande et des sardines pour une semaine.

Il y a un jardin de 10 ares attenant à leur logement; ils le cultivent
en légumes à leur profit; on leur fournit encore le bois et les fagots nécessaires pour le chauffage et la cuisson de leur pain.

La famille apporte ses meubles et ustensiles et s'en sert pour son usage.
On sonne la cloche à 4 heures du matin toute l'année, et l'on veille l'hiver jusqu'à 8 heures du soir.

On emploie de plus pendant toute l'année trois journaliers qui sont logés
dans de petites maisons dépendantes de la propriété, et dont ils sont loca-
taires.

Ces huit personnes suffisent à tous les travaux, hors ceux de la fenaison et de la moisson; pour faire ceux-ci avec promptitude, on prend tout
ce que l'on peut trouver d'ouvriers supplémentaires; de cette manière on

a souvent terminé la moisson en huit jours. Cette manière d'opérer offre de nombreux avantages.

Nous reviendrons dans la description des bâtiments sur différents moyens employés pour faciliter le travail et rendre possible l'emploi d'un personnel aussi restreint.

Productions du pays.—Après quelques essais infructueux, M. d'Almenno a reconnu que les terres de la Choltière étaient trop maigres, trop épuisées et en trop mauvais état pour se permettre d'y cultiver des plantes industrielles (avant leur entière rénovation) ; il s'est donc attaché uniquement à y produire du blé et des fourrages afin de reposer et d'améliorer le fonds ; de là le choix de l'assolement dont il sera question plus tard. La terre, l'engrais et la main-d'œuvre étant les trois principaux éléments qui concourent à la production, M. d'Almenno, comprenant la position économique, a adopté un mode de culture qui fait entrer la terre pour une forte part dans la production, celle-ci étant à bas prix, tandis que l'engrais est rare et cher, et la main-d'œuvre relativement à un prix élevé.

Etendue du domaine. — Le domaine de la Choltière fut acheté en mai 1838; le plan en est ci-joint ; il a coûté de premier achat 54,000 fr., auxquels il faut ajouter pour les frais et pour quelques parcelles, achetées depuis, 7,954 fr. Il contenait 107 hectares, dont 87 en un seul tenant, le reste en quarante-trois parcelles détachées; il contient maintenant par suite des achats que nous venons de mentionner et grâce à des échanges faits avec intelligence, 110 hectares, dont 107 en un seul tenant et cinq morceaux détachés seulement.

Le prix de la propriété fut estimé ainsi qu'il suit :

Maison d'habitation et jardin	10,000 fr.
Prés sur le bord de la Creuse, 1 1/2 hectare	6,100
Le cheptel vivant et mort	4,000
Bois futaie	5,000
Trois maisons et jardins à la Coulaudière	954
Bois taillis, terres labourables et brandes	35,900
Total	61,954

Il en résulte que les terres revenaient à environ 326 fr. l'hectare. Relativement à l'état de la terre, ce prix était élevé, car il n'y avait qu'une trentaine d'hectares en terres ouvertes, le reste était en taillis, paccages, brandes et terres incultes couvertes de pierres. Les terres en culture du domaine étaient dans un état déplorable et ne produisaient pas pour l'en-

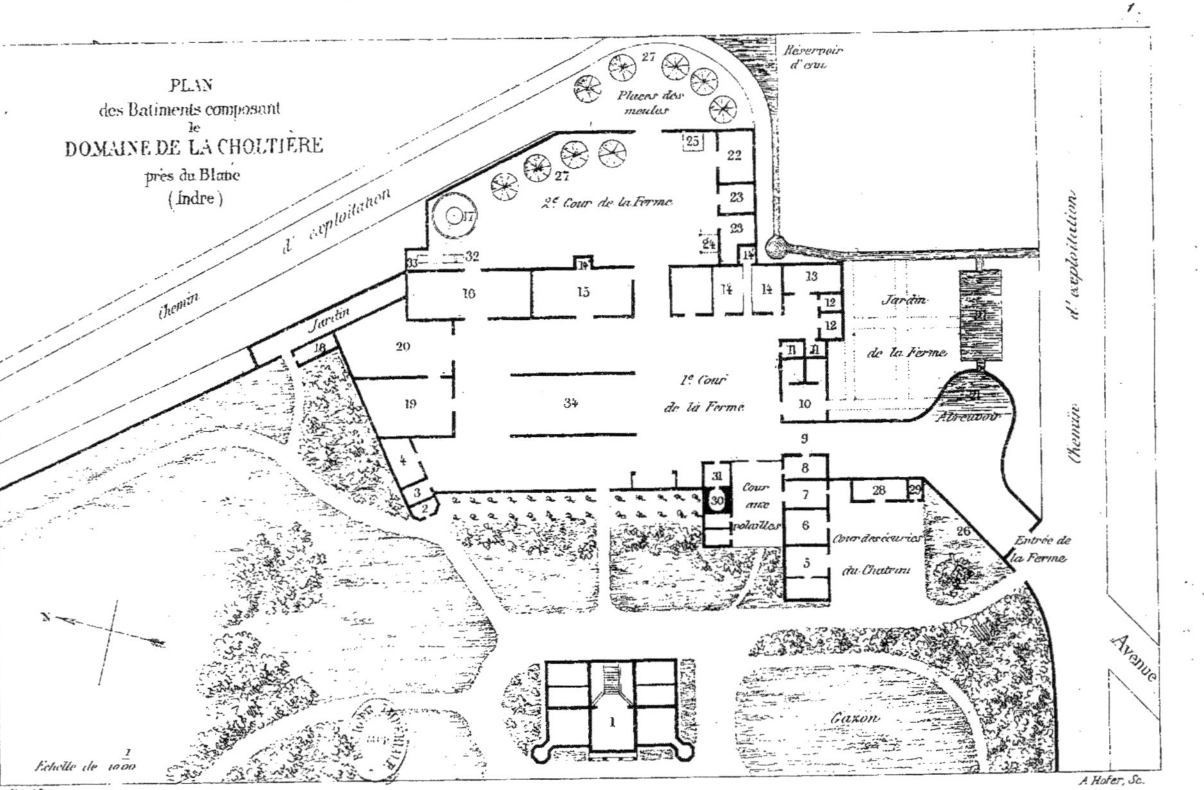

PLAN
des Batiments composant
le
DOMAINE DE LA CHOLTIÈRE
près du Blanc
(Indre)
Réservoir d'eau
Place des meules
2e Cour de la Ferme
Jardin de la Ferme
1re Cour de la Ferme
Abreuvoir
Cour aux volailles
Cour des écuries du Château
Entrée de la Ferme
Gazon
Jardin
Chemin d'exploitation
Avenue
Échelle de 1/1000
Ed. Vianne.
A. Hofer, Sc.
N

tretien du métayer; deux familles de métayers en étaient successivement sorties appauvries; l'une devant 1,600 fr., et l'autre 900 fr.; tout y était donc à faire.

Pendant vingt-deux ans, le cultivateur a lutté contre un sol épuisé et ingrat. Sans se laisser décourager, il est parvenu, par des efforts persévérants et en ne disposant que de capitaux insuffisants, à créer des prairies, à assainir, marner, épierrer et défricher les terres ; à reconstruire les bâtiments en entier ; à fabriquer lui-même des engrais artificiels.

Bâtiments. — Nature et disposition. — Les bâtiments de la ferme de la Choltière ont été reconstruits en entier (voir le plan Pl. 1). Les constructions ont été faites selon les besoins successifs de l'exploitation et suivant un plan préconçu et arrêté d'avance pour constituer plus tard un ensemble dont toutes les parties, bien reliées entre elles, devaient concourir à faciliter et à simplifier le service. Ces constructions sont actuellement terminées; elles forment une double cour et une succursale, dont les principaux bâtiments sont :

Planche 2 : n° 1, le château entouré du parc ; 2, 3, 4, 5, 6, dépendances du château, composées de la salle de bain, buanderie, laiterie, remise et bûcher; 7 est un poulailler ; 8, une chambre qui sert pour le chaulage, et 9, un passage couvert qui est très-utile pour mettre les voitures chargées à l'abri, surtout pendant la fenaison et la moisson.

La maison pour l'habitation des domestiques avec ses dépendances comprend les n°ˢ 10 et 11.

Les écuries occupent l'emplacement n° 12, et n° 13 est une grande chambre à légumes, qui sert en même temps pour la préparation des aliments pour les bestiaux.

Une étable pour douze bœufs de travail, n° 14, occupe la droite du passage qui communique avec la seconde cour. Au fond du couloir de séparation, il existe un emplacement pour déposer le fourrage n° 14.

Une étable pour engraisser douze bœufs, n° 15, occupe la gauche du couloir ; cette étable est construite d'après le système belge, fortement préconisé par M. de Dombasle.

C'est une nouveauté pour le pays ; ce système a été apprécié par les agriculteurs et a déjà trouvé quelques imitateurs. Les animaux sont sur une plate-forme ayant derrière eux une excavation où l'on fait tomber les déjections et où coulent les urines ; par ce moyen, les animaux sont bien et proprement couchés. Lorsque cet espace est rempli, une grande porte ménagée au milieu de la façade permet d'y faire entrer un tombereau pour l'enlèvement du fumier. M. d'Almenno a remarqué que par cette méthode la quantité de fumier se trouve plus considérable que dans les étables ordinaires. Un corridor règne au-devant des bêtes; on y fait descendre le foin du fenil situé au-dessus, ce qui économise notablement la main-d'œuvre et évite la déperdition du fourrage.

On a aussi construit dans cette étable un réservoir d'eau à niveau constant fournissant de l'eau en quantité nécessaire pour les besoins du service et la boisson des animaux, de sorte qu'une fois les animaux mis à l'engrais attachés à l'étable, ils n'en sortent plus que pour être livrés à la vente; la chaleur de l'étable réchauffe l'eau, et la porte à une température convenable pour la santé des animaux.

Des coffres sont ménagés au bout du corridor et contiennent les farines, les tourteaux et autres grains employés pour l'engraissement. Ces arrangements rendent le service si facile, que, sauf l'enlèvement des fumiers, un enfant de quatorze ans suffit pour donner tous les soins nécessaires à douze bœufs à l'engrais. ·

. La grange n° 16 se trouve sous le même toit que l'étable, mais elle en est complétement séparée par un mur. Elle peut contenir 7,500 gerbes.

Deux bergeries, dont une pour les brebis mères qui viennent de mettre bas, et dans laquelle sont disposées des cloisons mobiles pour les isoler au besoin.

La bergerie n° 19, qui peut contenir 240 brebis, est surmontée d'un fenil pouvant renfermer 140 milliers de foin; outre la grande porte on y a ménagé une porte latérale qui permet de communiquer avec une petite cour couverte n° 22, servant de bergerie d'été; cette cour est fermée par une grille; on fait sortir les brebis pendant qu'on garnit leurs crèches. Cette disposition facilite beaucoup le service.

Les crèches sont faites suivant un système très-simple, très-économique et trop peu connu, au moyen duquel on donne toute espèce de nourriture sans que les bêtes puissent la gaspiller, ni se blesser, comme cela arrive lorsqu'on se sert de râteliers de forme ordinaire.

Ces râteliers, planche 3, sont fixés et posés sur quatre rangs de briques disposées à jour, afin que l'air puisse circuler facilement. Cette disposition est très-heureuse et sert à maintenir une grande fraîcheur dans la bergerie pendant les chaleurs de l'été; elle contribue beaucoup à la santé des animaux.

La construction des râteliers est des plus simples et consiste en un fond A, planche 3, de 40 centimètres de largeur, sur lequel on fixe les râteliers qui forment augettes. Pour faire le râtelier on se procure des bouts de lambourdes B de 53 centimètres de longueur, 14 centimètres de largeur et environ 15 millimètres d'épaisseur, pour former les montants du râtelier; on les espace de 16 centimètres l'un de l'autre, et on les fixe au moyen d'une traverse supérieure C de 7 centimètres de largeur. On met une autre traverse D de 8 centimètres de largeur dans le bas, et on fixe le tout solidement sur le fond. C'est très-simple et il ne faut même pas de charpentier pour le faire. On remarquera que les vides et les pleins ne sont pas égaux, le vide est de 16 centimètres et le plein seulement de 14 centimètres; ces dimensions ont paru les plus convenables à M. d'Almenno pour les moutons berrichons et croisés berrichons southdowns.

Un cellier, un bûcher, un four et un hangar pour les instruments, nos 29, 30, 31, complètent cette première cour. Dans la deuxième cour, au milieu de laquelle est disposée la plate-forme pour les fumiers et la fosse à purin, se trouvent la porcherie, no 23, et un grand hangar pour la fabrication de la poudrette et du sang cuit, et qui sert aussi de bergerie d'été, no 22. Un four à carboniser la terre, no 25, un grand hangar, no 17, communiquant avec la grange, pour la machine à battre, le tarare et son manége, un emplacement pour des meules et un deuxième hangar pour les instruments, no 29. On se rend à l'abreuvoir, no 21, de la première cour en passant sous un passage couvert, no 9. Comme nous l'avons déjà dit, cette disposition est des plus utiles pour mettre provisoirement à l'abri les tombereaux chargés ou autres objets.

Les greniers règnent au-dessus de la maison d'habitation des domestiques, du passage couvert et des bâtiments adjacents. La maison d'habitation no 1 a été construite pour remplacer l'ancienne maison démolie en totalité. Cette construction étant en dehors du système d'exploitation, nous n'avons pas à nous en occuper; nous ferons, toutefois, remarquer qu'elle est placée de telle sorte que des fenêtres supérieures on domine la cour de la ferme de manière à pouvoir exercer une surveillance continuelle.

Ce grand système de bâtiments d'exploitation a été construit en entier sur les plans et sous la direction de M. d'Almenno; la dépense ne s'est élevée d'après ses livres, depuis le mois de juin 1838 jusqu'au 31 décembre

1860, qu'à la somme de 18,000 fr., ce qui démontre que la plus grande économie a présidé à ces divers travaux de constructions.

Moyens de transport. —Les charrettes et tombereaux ordinaires du pays sont les seuls véhicules employés à la Choltière. M. d'Almenno a jugé qu'il était prématuré de chercher à y introduire d'autres modes de transport ou de harnachement plus dispendieux, tels que les chariots à quatre roues, le harnachement des bœufs au collier, etc. Les charrettes à bœufs sont à deux roues et coûtent 160 fr.; elles peuvent transporter 2,000 kilog. de foin, et les tombereaux, également attelés de deux bœufs, coûtent 170 fr., et peuvent transporter un mètre et demi cube de terre ou fumier.

Assolements. —M. d'Almenno nous a dit qu'après quelques années d'essais, il avait reconnu que les terres de la Choltière étaient trop maigres et trop épuisées pour y cultiver avec avantage les plantes industrielles. Pour laisser reposer et s'améliorer le sol en partie inculte, en partie épuisé par le mauvais système de culture précédent, il a dû chercher un assolement réparateur, dans lequel les prairies artificielles étant conservées le plus longtemps possible, permettraient de concentrer sur une sole restreinte toute la masse des engrais. Ce sont ces raisons et cette nécessité qui l'ont conduit à adopter la rotation suivante :

Première année : Betteraves, rutabagas, maïs en vert; cette sole reçoit tous les fumiers de la ferme. — *Deuxième année :* Froment d'hiver. — *Troisième année :* Avoine d'hiver avec graines de prairie artificielle (1). — *Quatrième année :* Prairie. — *Cinquième année :* Prairie. — *Sixième année :* Prairie. — *Septième année :* Prairie. — *Huitième année :* Pâturage. — *Neuvième année :* Pâturage. — *Dixième année :* Jachère et pomme de terre. — *Onzième année :* Froment d'hiver avec fumure d'engrais artificiels de sa fabrication. — *Douzième année :* Avoine d'hiver.

Amendements et engrais. — Rien n'a été négligé à la Choltière pour augmenter la masse des engrais, et c'est surtout par la création de ressources nouvelles, ignorées ou perdues avant lui, que M. d'Almenno a

---

(1) On sème les graines de prairie à l'automne en même temps que l'avoine. Le mélange suivant, par hectare, donne un très-bon fourrage : sainfoin, à deux coupes, 1 1/2 hect. ; — ray-grass d'Italie, 10 kilog. ; — luzerne, 8 kilog. ; — trèfle hybride, 1 kilog. ; — fromental, 1 1/2 kilog. La luzerne fait un bon pâturage pour la fin.

On a été obligé de semer une céréale de mars sur un froment d'hiver, parce que l'expérience avait prouvé que le trèfle ne réussissait pas, et que l'on ne pouvait avoir du froment sur du trèfle.

dû d'avoir réussi à mettre les terres de la Choltière dans un haut état de productivité. Outre les soins particuliers donnés aux engrais de la ferme, ce qui en augmentait notablement la valeur, la création des prairies a permis de quintupler le cheptel et par conséquent les engrais; on a aussi cherché au dehors tout ce que la position permettait de réunir d'engrais à bon marché, ce but unique de toute bonne agriculture. Nous devons nous étendre sur cet article, car on ne saurait trop insister sur la nécessité de soigner le fumier.

Fumier de ferme. — M. d'Almenno met un grand soin dans la fabrication de ses fumiers. Il a un emplacement au milieu de sa cour, qui est vaste, et situé sur une argile imperméable ; cet emplacement est disposé de manière que les eaux de la cour ne puissent pas y aller. Les fumiers sont conduits sur le tas avec des tombereaux (nous donnons la disposition de cette plate-forme à fumier, planche 4), et toujours soigneusement et également tassés, et, en été, ils sont arrosés aussi fréquemment que le temps l'exige.

Poudrette. — Les journaliers ordinaires du domaine vont, la nuit, en hiver, faire les vidanges de la ville du Blanc. Cet ouvrage leur répugnait beaucoup dans les premiers temps; mais ils s'y sont promptement accoutumés, et maintenant ils font les vidanges sans répugnance. Les matières sont mises dans une caisse en tôle, montée sur un chariot à quatre roues, que l'on remplit et que l'on vide facilement. Les matières très-liquides sont versées dans la fosse à purin et répandues sur le tas de fumier avec des pelles ; les parties plus solides sont converties en poudrette pulvérulente, fabriquée de plusieurs manières. Voici celle que nous croyons la meilleure : on mêle avec 40 hectolitres de matière fécale épaisse comme de la bouillie :

	Azote.	Phosphate.
5 hectolitres de terre pulvérisée, contenant	70	83
2 1/2 hect. de cendre	0	32
2 1/2 hect. de suie.	2	5
150 kilog. plâtre cuit et broyé.		

Ce mélange est séché sous des hangars et se réduit à environ 30 hect., quantité employée pour fumer un hectare de blé. Il revient à 1 fr. 25 l'hect.; cet engrais est aussi riche que 400 kilog. de guano; il a rendu de grands services à la Choltière; malheureusement la quantité de matières fécales que M. d'Almenno peut se procurer au Blanc est très-restreinte, et ne dépasse pas 300 hectolitres en moyenne chaque année.

Sang cuit.— Pendant quelque temps ce cultivateur a acheté tout le sang des abattoirs de Poitiers, de Châtellerault et de Châteauroux, qu'on laissait perdre précédemment, dont la quantité était de 350 à 400 hect. par an ; il le faisait cuire dans une chaudière, en mettant, avec 2 hect. de sang, 2 hect. de terre carbonisée et 1 hect. de cendres ; en trois heures un ouvrier le faisait cuire et le mettait en tas, prêt à être employé ; il revenait à 2 fr. 25 l'hect. M. d'Almenno a aussi employé avec avantage le sang pour arroser les fumiers de cour, afin de les enrichir ; il verse dans un petit bassin, au pied du tas, 2 hect. de sang, en y ajoutant 10 litres de chaux éteinte dans 40 litres d'eau ; cette quantité suffit pour enrichir 6 mètres cubes de fumier. En employant ce fumier enrichi à raison de 30 mètres cubes par hectare, il a obtenu de très-bons résultats.

Guano. — Le sang lui ayant été enlevé depuis plusieurs années par les fabricants d'engrais, il a dû songer à se procurer d'autres engrais, et il a donné la préférence au guano, des essais faits antérieurement lui ayant fait espérer qu'il obtiendrait de bons résultats par l'emploi de cet engrais riche, surtout en azote. Il emploie principalement le guano du Pérou, qu'il achète directement à Nantes, et qui lui revient à 40 fr. les 100 kilog. Il a aussi acheté, comme essai, des guanos du Chili et d'Agamos qui sont moins chers, aussi moins riches en azote ; mais il n'y a pas trouvé d'avantage ; de plus, on n'est pas toujours aussi certain de leur valeur véritable qui varie suivant les provenances, tandis que la valeur du guano du Pérou est plus régulière et mieux connue.

Chair musculaire. — Les équarrisseurs de la ville du Blanc conduisent les chevaux et les autres animaux morts à la Choltière ; on leur paie les dépouilles de chevaux 2 fr. ; ces dépouilles sont ensuite coupées par morceaux, jetées dans des fosses qui peuvent en contenir dix à douze. Chaque bête est saupoudrée de 25 litres de chaux et immédiatement recouverte de terre argileuse mêlée de marne. Pendant les froids on vide les fosses, on trie les os, et l'engrais qui en résulte est mis en tas ; on s'en sert soit pur, soit mélangé avec d'autres. C'est un engrais très-riche et peu coûteux ; les os sont ensuite carbonisés pour faire du noir animal.

Noir animal. — M. d'Almenno a commencé à employer le noir animal sur le défrichement des bruyères en 1840 ; il l'achetait alors au commerce. C'est un des premiers agriculteurs qui ait fait usage de ce précieux ingrédient. Ensuite il l'a fabriqué lui-même. Il mêle 2 hectolitres 30 litres de sang avec 2 hectolitres 50 litres de noir d'os broyés qu'il a fait carboniser dans le four qui lui sert à carboniser la

terre ; ce mélange lui produit 4 hectolitres de noir animal, plus riche
en azote et en phosphate que celui que le commerce livre à l'agriculture,
et qui ne lui revient qu'à 6 fr. 75 c. l'hectolitre.

Terre carbonisée. — Pour suppléer au manque de paille il a souvent
employé de la terre carbonisée comme excipient pour les déjections des
animaux ; le résultat de plusieurs expériences faites à la Choltière a
prouvé qu'il fallait pour absorber 1,200 kilog. d'urine 1,000 kilog. de
paille qui, rendus à la ferme, valent en moyenne 35 fr. ; or, pour absorber
cette même quantité d'urine, il n'emploie que 40 hect. de terre carbonisée qui lui reviennent à 10 fr. C'est donc une économie de plus des
deux tiers.

Marnage. — Il emploie sur les terres argilo-siliceuses 70 mètres cubes
de marne pierreuse par hectare. Sans elle, dit M. d'Almenno, nous ne pourrions pas avoir de prairies. Et en effet il est indispensable de suppléer au
défaut de calcaire du sol, et l'on sait que sans exception les prairies artificielles ne réussissent que sur des terres qui en contiennent une notable
quantité.

Desséchements et drainage. Système adopté , etc. — Depuis bien des
années et avant que le drainage eût attiré l'attention universelle, M. d'Almenno a pratiqué cette opération à la Choltière ; l'assainissement a toujours précédé les autres améliorations. Toutes les soles ont successivement
été assainies, d'abord par des fossés à ciel ouvert largement espacés et
servant d'émissaires pour le prompt écoulement des eaux de pluie, et dans
les parties les plus humides par des pierrées couvertes, ce qui n'est autre
que le drainage dans lequel les tuyaux sont remplacés par des pierres ; et
voici comme on a opéré : on a creusé des tranchées de 0m,70 à 0m,80
de profondeur et de 0m,20 de largeur, dans lesquelles on a mis 0m,30
d'épaisseur de cailloux pris dans le champ même où ils encombraient le
sol et dont il fallait absolument se débarrasser. On a pratiqué de cette
manière deux ouvrages à la fois.

Il a adopté ce système toutes les fois que le sol était encombré de
cailloux, qu'il n'y avait pas de sources ni suintement d'eau souterraine,
où les seules eaux à craindre étaient celles provenant des pluies, et dont
il s'agissait de débarrasser promptement la surface. 1,000 mètres de longueur de drains de cette espèce ne coûtent que 100 à 135 fr., tandis
qu'avec des tuyaux et en creusant à 1m,20 de profondeur la dépense serait de 250 à 300 fr. par hectare, à cause du sous-sol qui est pierreux et

très-compact. Mais M. d'Almenno convient lui-même qu'il aurait dû dans beaucoup de cas creuser plus profondément qu'il ne l'a fait ; il aurait évité ainsi les effets fâcheux des grandes sécheresses et assaini à une plus grande distance. Aujourd'hui il augmente la profondeur et fait usage des tuyaux, surtout maintenant qu'il est débarrassé de toutes ses pierres.

Labours. Instruments employés. — Dès l'origine de sa culture il a adopté la charrue Rosé n° 2 sans avant-train, qui était excellente et qui avait remporté seize fois les premiers prix aux concours ; elle coûtait 60 fr. Il a fini par organiser un petit atelier de construction et à la fabriquer lui-même au prix de 35 fr. ; il la cédait au prix de revient à ses voisins afin de propager cet excellent instrument qui permettait de labourer beaucoup mieux qu'on ne le faisait et plus économiquement. Quand il est arrivé dans le pays on se servait encore généralement de l'ancien *arau* ou *ariot*, qui est remplacé chaque année de plus en plus par la charrue. La charrue Rosé, traînée par deux bœufs attelés au joug du pays, donnait de très-bons labours ; mais voyant la difficulté de la faire monter convenablement par les ouvriers peu habiles du pays, il a été conduit à la remplacer par la charrue n° 2 de Grignon.

Ses labours ordinaires ont de 0^m,15 à 0^m,20 de profondeur. Toutes les fois que les soles reçoivent une forte fumure, on laboure à 0^m,03 de profondeur de plus ; il augmente ainsi successivement l'épaisseur du sol, de manière à arriver un jour à y avoir 0^m,30 de terre arable. Le drainage et le marnage ont permis de faire des planches de 6 mètres de largeur ; cette largeur a été jugée la plus convenable, surtout lorsqu'on sème à la volée et que l'on est obligé d'employer des ouvriers inexpérimentés. La sole de légumes reçoit un labour avant l'hiver et deux autres au printemps ; avant l'ensemencement on fait de plus des hersages et des roulages, selon les besoins. La sole des avoines d'hiver se sème en septembre, lorsque le temps permet de faire le déchaumage à cette époque ; il faut toutefois que la semaille en soit faite au plus tard avant le 10 octobre, afin que le plant ait assez de force pour résister aux fortes gelées. La sole du blé de la deuxième année reçoit un labour avant l'hiver, un autre à la fin de mai et un troisième en août ; entre ces deux façons, des hersages énergiques et un ou deux roulages sont donnés avec succès.

Herses et scarificateurs. — Trois fortes et trois petites herses en fer et un scarificateur concourent aux façons des terres. Les herses sont fabriquées à la Choltière et reviennent de 25 à 40 fr.

Rouleaux. — Il emploie deux rouleaux en bois articulés et un brise-mottes Crosskill ; tous ces instruments sont fabriqués au domaine. Le rouleau Crosskill a dix-neuf disques de 0ᵐ,60 de diamètre ; il pèse 550 kilog. et revient à 200 fr. Ces instruments sont conduits par deux bœufs et sont d'un grand secours pour mettre les terres en parfait guéret, surtout dans les années successivement humides et sèches, alors que la terre se lève en mottes.

Coupe-racines. — Il se sert du coupe-racines conique de Grignon qui coûte 100 fr. Avec cet instrument deux ouvriers peuvent couper dans une heure plus de 600 kilog. de betteraves.

Machine à battre. — Depuis 1847 M. d'Almenno se servait de la machine à battre de M. Bodin, de Rennes ; il l'a remplacée l'année dernière par la machine de MM. Renaud et Lotz dont il est très-satisfait.

Jougs. — M. d'Almenno a introduit une petite amélioration aux jougs du pays en substituant une boucle à la corde qui lie l'atteloir.

Semailles. — Les semailles sont une opération importante, aussi M. d'Almenno ne néglige-t-il rien pour opérer ses ensemencements en temps utile et d'une manière convenable. Il apporte à cette opération un soin que l'on pourrait appeler exagéré, s'il était possible d'exagérer dans une opération de cette importance.

Moisson. — La récolte des céréales se fait à la faucille et à la faux ; il a grand soin de prendre le grain un peu avant sa complète maturité. Ses voisins commencent à l'imiter un peu, mais lentement ; ils reconnaissent cependant que les blés de la Choltière sont infiniment supérieurs aux leurs.

Fenaison. — Pour la fenaison, M. d'Almenno prend de grandes précautions. Ainsi pour les foins artificiels, il ne les fane presque pas ; il met les andains en petits tas qu'il fait retourner le lendemain, et il rentre son foin ainsi séché au bout de trois ou quatre jours ; de cette manière les plantes conservent presque toutes leurs feuilles et le fourrage est beaucoup plus appété par les animaux. Si le temps est mauvais, il met promptement ces petits tas en de plus gros. Il rentre sans botteler et le plus prestement possible. Son foin a toujours bonne couleur, et ce mode de fanage est beaucoup plus économique que celui généralement suivi.

Froment. — Le froment d'hiver qu'on cultive à la Choltière est la variété dite richelle d'hiver, belle variété blanche introduite par ce cultivateur dans le pays en 1848, et pour laquelle il a reçu une mention honorable à l'exposition universelle de Paris en 1855. M. Chapelle, de Paris, ayant vu un échantillon de ce blé, lui en a demandé une certaine quantité avec lequel, assure-t-il, il a fait une farine supérieure en blancheur aux plus belles marques de M. Darblay. Ce dernier lui-même en a acheté. Ce blé est très-recherché par les minotiers pour donner de la blancheur à leurs farines. M. Chapelle en a fait du vermicelle. Les cultivateurs, ses voisins, ensemencent aujourd'hui cette variété; elle vient très-bien dans les terres légères et peut se semer d'hiver ou de mars; elle mûrit quelques jours plus tôt que le blé du pays, et supporte beaucoup mieux la sécheresse que les autres blés cultivés dans la contrée; son poids est souvent de 84 kil. l'hectolitre, tandis que les blés du pays ne pèsent que 70 à 75 kil.

Les qualités remarquables du blé richelle n'ont pas empêché cet intelligent cultivateur de faire des recherches pour se procurer une autre variété plus productive en paille et ayant une tige plus roide, c'est-à-dire moins susceptible de verser; car dans une culture qui doit arriver à créer tous ses engrais, la paille est d'une grande importance. Pendant plusieurs années il a suivi une série d'expériences faites sur les plus belles variétés de blé qu'il avait pu se procurer, afin de découvrir, s'il était possible, une variété qui, dans les terres de la nature de celles qu'il exploite, fût aussi productive et aussi pesante que le richelle, mais se distinguant de plus par la force et l'abondance de la paille.

Pendant plusieurs années il a essayé diverses sortes de blés, et entre autres une soixantaine de variétés qu'il devait à l'obligeance de M. le comte de Gourcy qui les avait rapportées de ses voyages agricoles. Tous les ans il a éliminé ceux de ces blés qui lui paraissaient inférieurs, ou qui ne remplissaient pas les conditions convenables pour la localité; de plus, et afin de rendre les expériences concluantes, il cédait une partie de ces blés à ses voisins pour qu'ils pussent expérimenter de leur côté.

En 1854, après avoir successivement retranché les blés qui n'offraient pas d'avantages, il lui restait en expériences cinq variétés provenant des échantillons donnés par M. le comte de Gourcy; cinq autres variétés données par des voisins, le richelle d'hiver et le blé ordinaire du pays. Le 7 novembre, ces douze variétés furent semées dans la proportion d'un hectolitre de semence par hectare dans douze parcelles d'un terrain divisé avec soin; ces parcelles étaient prises dans une pièce de terre sablonneuse qui avait reçu 60 mètres cubes de fumier de ferme par hectare et qui venait de donner une récolte de betteraves.

Afin de ne pas mêler les semences, les blés furent recouverts au râteau, le restant de la pièce fut emblavé en richelle d'hiver qui donna un produit de 22 hectolitres à l'hectare. Quoiqu'il y eût une partie de versé, dans les autres terres de la ferme qui sont moins bonnes et moins fumées, le produit du richelle a été moindre. Le tableau suivant indique le résultat des expériences.

Noms.	Ordre de plus belle végétation.	Rendement par hectare:	Poids de l'hectolitre.	Rendement de la paille par hectare.
1. Fanton.....	5	hectol. 31.66	75 kilos.	2,665 kilos.
2. Oxford	2	30.80	74	2,330
3. Richelle.....	4	26.30	80	1,975
4. White-essex.	1	25.70	75	2,000
5. Hunter.....	7	25 »	74	2,158
6. Nérac......	3	24.64	77	1,571
7. Saumur....	8	24.25	75	1,775
8. Victoria....	6	23 »	73	1,660
9. Farmer's...	9	20 »	72 1/2	1,450
10. Chiddam...	12	19.20	75	1,625
11. Du pays...	10	17 »	75	1,525
12. Australie...	11	16 »	75	1,450

1. *Fanton* (donné par M. de Gourcy). Épi blanc demi-serré, sans barbe; paille haute, creuse, forte, grain blanc, moyennement tendre.

2. *Oxford prize* (donné par M. de Gourcy). Épi blanc, droit, sans barbe; paille comme le précédent, ayant eu jusqu'à cinq grains par épillet.

3. *Richelle d'hiver* (culture de la Choltière). Épi lâche un peu courbé, grains gros blanc, très-beaux; paille fine faible ; hâtif, venant bien semé en mars.

4. *White-essex* (donné par M. de Gourcy). Épi droit, demi-serré, grain blanc tendre, un peu plus beau que les deux précédents; paille moins haute que le *fanton*.

5. *Hunter*. Épi droit, demi-serré, grain moyen tendre; paille ayant une grande analogie avec celle du *white-essex*.

6. *Nérac* (donné par M. Maurenq). Épi demi-lâche, grain jaunâtre, un peu glacé; paille fine faible ; plus hâtif de quatre jours que les blés anglais.

7. *Saumur* (donné par M. Moreau). Épi et grain un peu rougeâtres,

tendre; paille comme celle du précédent ; un peu barbu, mûrissant deux jours avant les blés anglais.

8. *Victoria* (donné par M. Fombelle). Épi gros, plus serré que les précédents; sans barbe, grain gros, un peu rougeâtre, demi-glacé; paille creuse forte, le plus tardif des douze variétés.

9. *Farmer's* (donné par M. Fombelle). Épi serré, sans barbe, grain moyen, jaunâtre, tendre; paille fine faible.

10. *Chiddam* (donné par M. de Gourcy). Épi ressemblant à celui du *hunter* ; grain moins blanc, tendre; paille plus courte.

11. *Ordinaire du pays* (provenant d'une ferme où l'on n'a jamais changé de semence). Épi un peu courbé, barbu, grain demi-tendre, jaunâtre; paille haute ayant un peu moins versé que le richelle.

12. *Australie* (donné par M. Pétrol). Épi blanc droit, grain blanc, petit, tendre, presque rond ; très-jolie variété, sans barbe; paille fine, courte, versante.

De ces douze variétés M. d'Almenno en a choisi quatre qui sont le *fanton*, le *white-essex*, l'*oxford-prize* et le *hunter;* il sème ces variétés en mélange, et depuis cinq ans il obtient de très-beaux résultats, tant en grain qu'en paille.

Les expériences qu'il a continuées ne prouvent pas qu'on puisse s'assurer d'un rendement plus considérable en semant un mélange de plusieurs variétés de froment; mais on peut en espérer une bonne moyenne.

Depuis 1855, il a cultivé en grand un mélange des quatre variétés de blés blancs anglais que nous venons de nommer. Ce sont les seuls qui n'avaient pas versé sur soixante-huit variétés qu'il avait essayées en petites quantités pendant trois années consécutives avant 1855.

Il sème ce mélange dans une sole qui reçoit de 35 à 40,000 kil. de fumier; il produit un bon rendement et beaucoup de paille. Dans la sole qui ne reçoit qu'une demi-fumure, de 20,000 kil. de fumier ou 400 kil. de guano. Il sème le richelle d'hiver (ce blé a eu une mention honorable à l'exposition universelle en 1855, et en 1858 il a pesé 84 kil. l'hectolitre), et depuis onze ans qu'il le cultive ainsi, il a toujours produit d'excellent grain, et n'a jamais souffert de la sécheresse Mais il est versant dans les années humides.

M. d'Almenno a continué ses expériences sur de nouvelles variétés qu'il s'est procurées, et ces expériences faites dans le but d'obtenir des variétés de blés possédant les qualités suivantes, bon rendement en grains et paille, ne versant pas et convenant au sol, ainsi qu'au climat du pays, lui ont donné les résultats suivants.

Ainsi, en 1855 et 1856, il avait semé dans des terrains siliceux et marnés les variétés suivantes :

Blés blancs de Hongrie, d'Amérique, du pays, de Saint-Laud, d'Égypte, de Bergues, du Cap, d'Oxford, d'Algérie, géant tendre, de Toscane, gros rond, de Toscane des montagnes, d'Oran tendre, hunter, richelle, fanton, impériale hâtif, lodesca, victoria, wellington, salt water river, de Van Diemen.

Blés rouges. Toscane rosé, rouge-sang, d'Amérique, de Sainte-Hélène, de Riom, Saint-Laud, Saumur, nonette de Lorraine, new-kent, kent, de Hongrie, de Hickling, cinq blés d'Algérie, anglais d'Oxford.

Seigle. De Rome, de Hongrie, de Saint-Yrieix. En 1857 il a semé d'une manière exacte, pour se rendre compte du rendement, les douze blés suivants, qu'il a cru les meilleurs et convenant mieux au pays.

Ces douze meilleures variétés ont donné les résultats suivants :

Noms des blés semés le 21 octobre 1857.	Rendement par hectare en grains.		Rendement par hectare en paille.	
Oxford blanc	32 hectolitres		4,500 kilos.	
New-kent	31 »		3,750 »	
Anglais rouge	30 »	66 litres	3,850 »	
Oxford rouge	29 »	33 »	3,400 »	
Kent rouge	28 »	25 »	3,700 »	
Egypte blanc	28 »		4,500 »	
Hickling rouge	27 »	66 »	3,300 »	
Wellington blanc	26 »		4,000 »	
Richelle blanc	25 »	50 »	4,250 »	
Hongrie blanc	25 »		4,000 »	
Salt-water-river blanc	23 »	75 »	3,750 »	
Royal anglais blanc	23 »		3.650 »	

Ces blés ont été semés dans un terrain siliceux et médiocre.

Le seigle de Hongrie s'égrène moins que celui de Saint-Yrieix, et verse moins que celui de Rome.

Maïs et vesces. — M. d'Almenno a fait de nombreux essais sur les diverses variétés de maïs ; mais ses efforts n'ont pas été couronnés de succès, et il a renoncé à cette culture qui est très-épuisante et que l'état de ses terres ne permettait pas de faire avec profit ; il ne cultive plus le maïs que mélangé avec du sarrasin pour fourrage vert : cela lui réussit très-bien.

Il fait aussi de la vesce d'hiver mélangée d'avoine pour nourriture en vert. Ce mélange réussit bien et donne de bons produits ; il sème 240 litres de vesces et 60 litres d'avoine par hectare.

Betteraves. — Les betteraves sont semées au semoir dans les terres légères ; mais pour bien assurer la levée, dans les terres fortes qui durcissent par les hâles du printemps, il a été obligé d'employer un moyen particulier qui est à la fois simple et facile. Pour assurer la levée il fallait hâter la germination de la graine ; à cet effet, il opère de la manière suivante : après un labour en hiver et un au printemps, on conduit et on épand le fumier ; on met ensuite la terre en billons distants entre eux de 70 centimètres, et on passe le rouleau en bois pour aplanir le sommet des billons ; sur ce sommet aplani on passe une brouette ordinaire, mais dont la roue est garnie à sa circonférence de chevilles de la forme et de la grosseur d'un petit œuf, distantes entre elles de 50 centimètres et faisant une saillie de 3 centimètres sur la jante. Ces chevilles produisent des enfoncements à distances égales les uns des autres dans lesquels une femme dépose une graine qu'on a humectée la veille et saupoudrée d'un peu de chaux ; cela les fait mieux voir et contribue à la germination ; un homme qui suit, recouvre chaque graine d'une petite poignée de terreau, composé ordinairement d'une terre très-sablonneuse mêlée d'un tiers de poudrette. En semant à la distance indiquée on a 28,570 plants par hectare, pour lequel on emploie 4 mètres cubes et demi de terreau. Ce système simple dans la pratique assure la germination ; malgré toutes les intempéries, il lui a mieux réussi que plusieurs autres, indiqués par les auteurs, et qu'il a essayés. Quelques cultivateurs, frappés de la belle et égale levée des betteraves, l'ont adopté et s'en sont très-bien trouvés.

Aussitôt que les betteraves sont levées, on passe dans le sillon la houe à cheval, puis on donne avec les binettes un léger binage et on éclaircit ; on passe de nouveau la houe à cheval qu'on fait pénétrer de plus en plus profondément ; on donne avant la moisson un second binage avec la houe à main du pays, appelée *tranche*, et on les arrache dans les premiers jours d'octobre, afin de pouvoir ensemencer le champ en froment. Les betteraves sont arrachées à la main ; des femmes coupent les feuilles dont une partie est mangée par le bétail, l'autre est répandue sur le sol. On met ensuite les racines dans des silos ordinaires; elles ne sont nettoyées qu'au moment de les consommer ; elles se conservent mieux ainsi que si on les nettoyait aussitôt après l'arrachage.

Repiquage des betteraves. Il a essayé plusieurs fois de repiquer les betteraves d'après le système Kœcling ; une couche chaude de 25 mètres de long et de 1 mètre de large a été semée de la manière suivante :

Pour s'assurer du beau plant par un semis ni trop épais ni trop clair, on fait faire une planche de 1 mètre de long sur 30 centimètres de large, portant sur sa face inférieure de petites chevilles pointues faisant une saillie de 3 centimètres dans tous les sens ; en appuyant cette planche sur le terreau qui recouvre la couche, on obtient avec la plus grande facilité environ 1,100 trous par mètre carré, espacés et creusés avec une régularité parfaite ; ces trous sont d'une profondeur et d'une largeur convenables pour y déposer une graine humectée et saupoudrée de chaux ; on a semé le 14 février, le plant était bon dès le 15 mai, il a été repiqué le 14 juin ; mais les pluies ou la sécheresse contrariant quelquefois, on peut différer le repiquage. Cette couche a donné 28,000 plants qui ont été repiqués à 50 centimètres de distance sur la ligne et à 70 centimètres entre les lignes; le produit était plus également beau et un peu supérieur à celui des betteraves semées en place. Quant aux frais, ils sont moins considérables par ce système.

Expériences négatives.—M. d'Almenno a de la franchise ; il dit aussi bien ses revers que ses succès. Il n'a pas négligé d'expérimenter différentes autres cultures plus ou moins préconisées, telles que la spergule, le millet en vert, le sorgho sucré, le lupin jaune, les navets sur chaume, les féverolles d'hiver, les topinambours ; mais les résultats n'ont pas été assez satisfaisants pour l'engager à poursuivre ces cultures.

Vignes.— Il ne cultive la vigne qu'en petit et seulement pour la consommation du domaine ; elle est établie sur cordons en fil de fer galvanisé; elle est ainsi d'une taille beaucoup plus facile et donne un produit relativement plus abondant que par l'échalassement ordinaire.

Bestiaux, espèce ovine. Voici la spéculation qui donne le plus de profit, et celle sur laquelle les cultivateurs des terrains pauvres et secs du Centre devraient concentrer tous leurs efforts: il y a à la Choltière de vingt à vingt-quatre bœufs de travail et trois vaches laitières de la race du pays, qui se rapproche de la race limousine; les bœufs sont achetés à l'âge de huit ans. Quand tous les labours d'hiver sont faits, on met douze à quinze de ces bœufs à l'engrais, dans l'étable dont le dessin est ci-joint; ces bœufs reçoivent alors une ration équivalente à 5 0/0 de leur poids brut.

Voici le résumé tiré des livres et qui est le résultat de l'engraissement de douze bœufs en cent quarante et un jours.

Ces bœufs avaient coûté d'achat 3,500 francs, mais ils avaient perdu par le travail, de sorte qu'au moment de la mise à l'engrais leur valeur réelle n'était plus que de 3,260 francs; les 240 francs de différence sont portés en compte des travaux.

Reste.. Fr.   3,260   »

Ils ont consommé:

Foin, 14 milliers, à 20 francs................................	280	»
Betteraves, 160 milliers, à 7 francs..........................	1,220	»
Orge, 19 doubles décalitres, à 2 fr. 10......................	40	»
Avoine, 89 doubles décalitres, à 1 fr. 40...................	124	»
Sel, 5 doubles décalitres, à 3 francs........................	15	»
Soins et lumières pour 140 jours.............................	105	»

Total de la dépense........   4,944   »

Prix de la vente à la foire du Blanc............. 5,430   »
80 tombereaux de fumier, à 5 francs............. 400   »   5,830   »

Ils ont donc payé leur nourriture et ont donné de plus un bénéfice net de .... Fr.   886   »

Ces bœufs produiraient davantage si l'on pouvait leur donner un peu de repos avant de les mettre à l'engrais. Au moment de les attacher ils pesaient (chair nette) 315 kil.; vingt-quatre jours après, 325 kil.; le jour de la vente, 363 kil. Cette spéculation est plus avantageuse pour le pays que l'élevage.

Voici la manière dont ils sont soignés: à 4 heures du matin le bouvier met dans les mangeoires, qui sont en maçonnerie et cimentées, l'eau nécessaire au repas du matin; cette eau est prise dans le réservoir placé dans le couloir devant les bœufs et qui est à niveau constant; il y jette, pour les douze bœufs, 1/3 de litre de sel et 6 litres de farine d'avoine, d'orge, ou de tourteaux, qu'il mêle bien avec l'eau; il leur fait manger par petites fourchées plongées dans cette eau, 6 bottes de foin de 15 à 16 livres; puis ils ont 40 litres de betteraves chacun, au commencement de l'en-

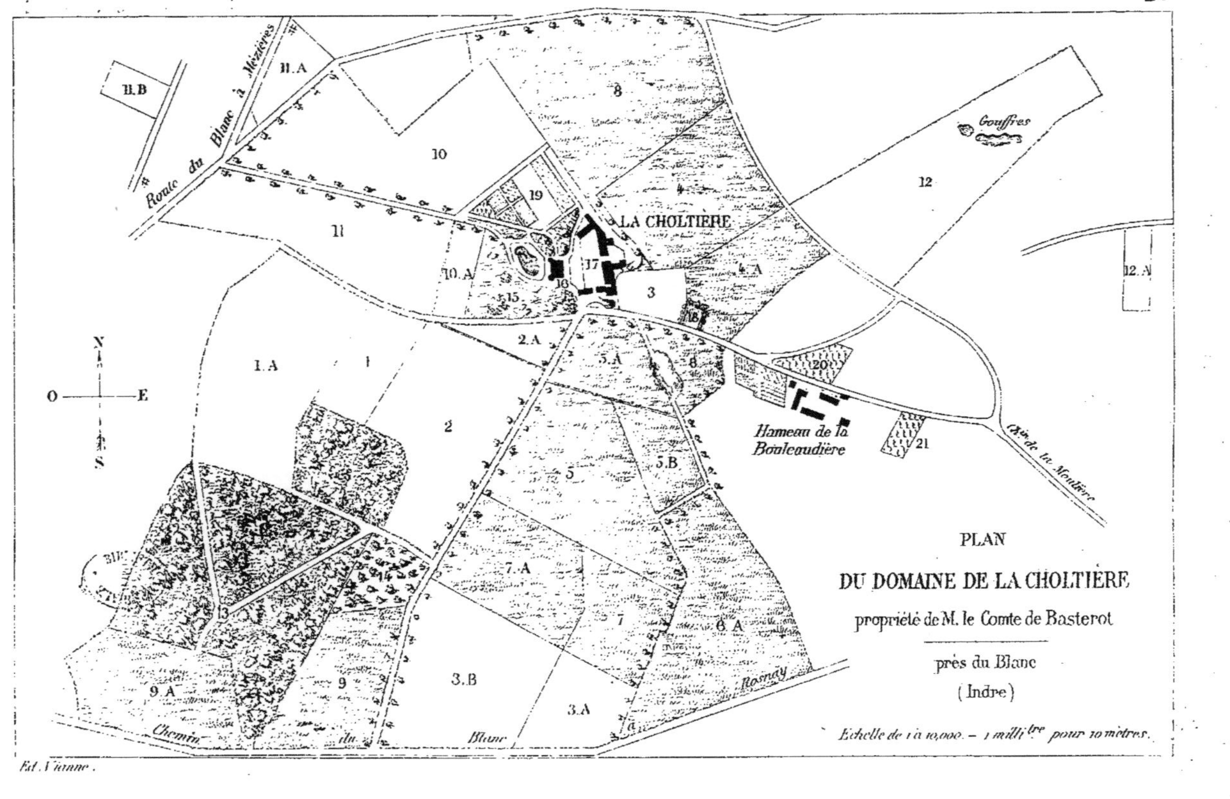

2.
11.B
11.A
Route du Blanc à Mézières
10
11
19
8
LA CHOLTIERE
Gouffres
12
12.A
17
4.A
10.A
16
3
15
18
2.A
1.A
1
5.A
4
8
20
Hameau de la Bouleaudière
21
O — E
N
S
Chin de la Moulière
2
5
5.B
PLAN
7.A
DU DOMAINE DE LA CHOLTIERE
propriété de M. le Comte de Basterot
près du Blanc
(Indre)
7
6.A
Rosnay
3
9.A
9
3.B
3.A
Chemin du Blanc
Echelle de 1 à 10,000. — 1 milli.tre pour 10 mètres.
Est. Vienne.

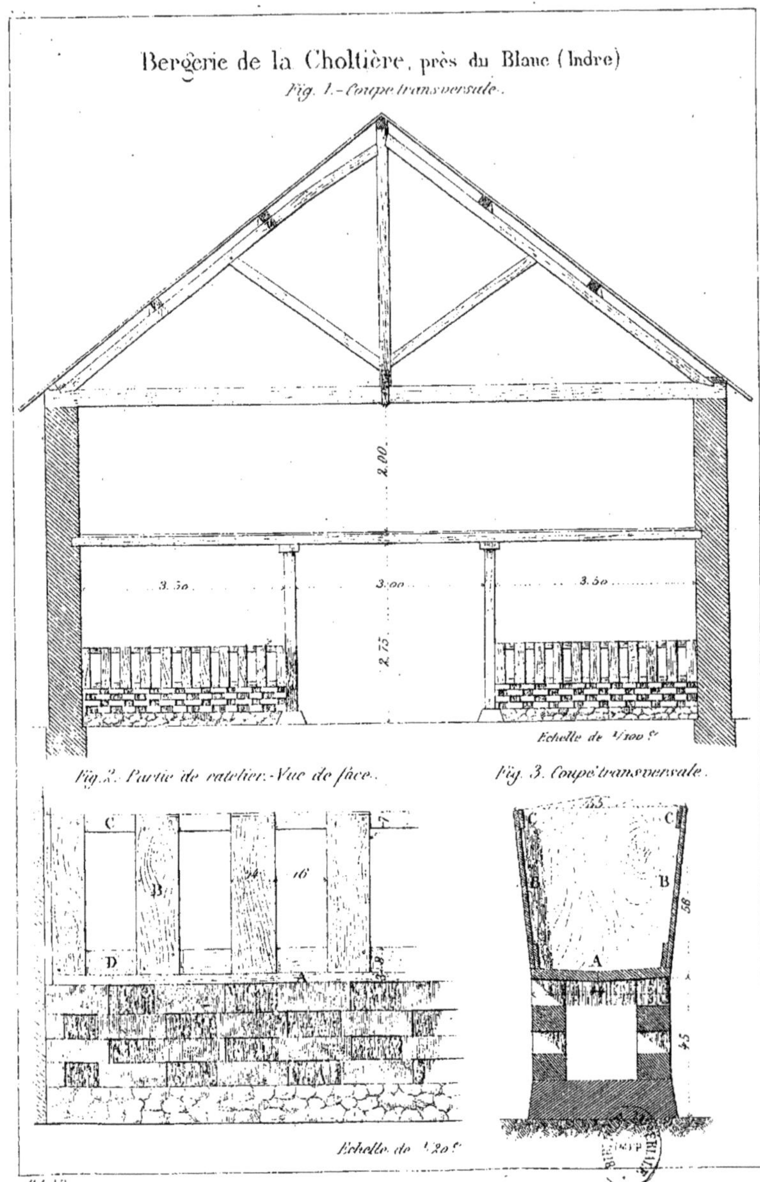

Bergerie de la Choltière, près du Blanc (Indre)
Fig. 1.- Coupe transversale.
2.00
3.50
3.00
3.50
2.75
Echelle de 1/100.
Fig. 2. Partie de ratelier.-Vue de face.
C
B
D
A
16
Fig. 3. Coupe transversale.
C
C
B
B
A
Echelle de 1/20.
Ed. Vianne.

Domaine de la Choltière.

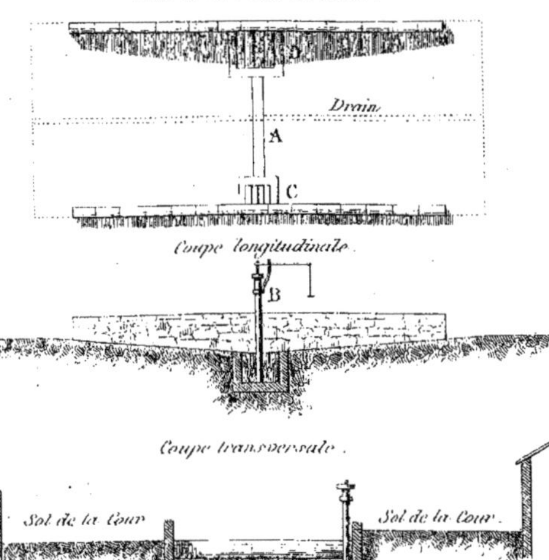

Ed. Vianne.

graissement, et 50 litres à la fin; le repas dure quatre heures environ. Le bouvier retire ensuite le fumier qu'il fait tomber dans l'excavation derrière les bœufs et leur fait une nouvelle litière ; après son déjeuner il nettoie et coupe des betteraves, bottelle du foin, etc., et à 3 heures de l'après-midi il recommence les mêmes opérations que le matin. Le fumier est enlevé de l'excavation tous les huit jours, sans que les animaux soient dérangés.

Espèce ovine. — En automne il achète des moutons du pays, à l'âge de vingt mois environ ; on leur fait passer l'hiver avec un peu de foin et de paille qu'on leur donne avant de les envoyer au pacage, où ils s'engraissent au printemps; ils sont vendus au mois de juillet et d'août tantôt dans le pays, tantôt au marché de Sceaux. Ces moutons s'achètent 15 fr. environ par tête, et donnent en moyenne 8 fr. de bénéfice brut chaque, y compris la laine qui est de 1^k,250 par toison en suint et se vend de 2 fr. à 2 fr. 50 le kilog. La cachexie aqueuse est une maladie redoutable pour les moutons dans ce pays voisin de la marécageuse Brenne : aussi l'élevage n'y réussit-il pas.

Pour éviter autant que possible cette calamiteuse maladie, on est obligé de prendre les soins suivants. On ne laisse pas mouiller les bêtes au pacage, ni y aller l'été avant que la rosée ne soit évaporée et avant d'avoir fait un repas de paille en été, de foin ou de vesces en hiver ; on les empêche surtout de manger la première pousse aqueuse de l'herbe, au mois de mai.

Basse-cour. — Après avoir essayé les poules de la race *russe* et de la race *cochinchinoise*, M. d'Almenno a définitivement conservé la race de *Crèvecœur*, qu'il s'est procurée à Crèvecœur même ; leur chair est très-fine, elles sont précoces et bonnes pondeuses ; il a seulement conservé quelques poules cochinchinoises comme couveuses. Les poules crèvecœur de la Choltière sont très-remarquables et prouvent tous les soins dont on les entoure et l'intelligence de la personne qui soigne la basse-cour. Les poussins sont nourris avec du millet, de la salade et des orties hachées mêlées de lait caillé. Avec cette nourriture il est rare qu'ils aient la pépie; plus tard, ils sont nourris avec les mêmes grains, orge, avoine, sarrasin et engraissés avec du maïs; un compte est tenu pour les œufs et la volaille, quoique consommés à la maison, et nous avons pu constater par la comptabilité qu'il y a bénéfice à l'élevage.

Comptabilité. — La comptabilité de la Choltière se compose de quatre livres : un livre de *travaux*, un livre de *caisse*, un livre d'*ouvriers*, et un livre de *résumé*.

Chaque soir, depuis vingt-deux ans, on note sur le premier de ces livres, le *temps*, les *travaux de la journée*, les *entrées*, et généralement tout ce qui est nécessaire pour que l'on puisse se rendre un compte exact des opérations faites dans le domaine; le prix de chacune d'elles. Toute somme payée ou reçue est portée sur le livre de caisse, qui est vérifié à la fin du mois. Le livre des ouvriers sert uniquement à marquer les journées des ouvriers et faciliter le règlement de leurs comptes. Le livre des résumés reçoit chaque année un sommaire de tous les comptes, et une balance de fin d'année. Ce système de comptabilité est très-simple, et suffit pour se rendre un compte exact de chacune des opérations de l'exploitation.

ÉTAT DE SITUATION DE L'EXPLOITATION DE LA CHOLTIÈRE AU 31 DÉCEMBRE 1859.

Inventaire à l'entrée (fin de mai 1838) ou avances aux cultures trouvées.

Bestiaux.

8 bœufs estimés............................ Fr.	1,550	
1 vache et 2 jeunes veaux.....................	300	
1 jument et son poulain.......................	200	
1 truie et ses petits..........................	50	
56 brebis (vendues au mois de septembre suivant)....	120	
1 chèvre....................................	15	
Soit........		2,235

Fourrages en terre.

7,000 kilog. de foin, à 50 fr. les 1,000 kil..........	350	
10,000 » de paille, à 24 fr. »	240	
Soit.......		590

Fumier.

120^{m},2 de mauvaise qualité, à 3 fr., fait.............	360	360

Récoltes en terre.

4 hect. de blé à 10 hectolitres l'hect. à 17 fr. l'un.	700	
4 » de méteil à 10 » » à 13 »	520	
2 » de seigle à 10 » » à 10 »	200	
1/2 » de colza à 5 » » à 20 »	100	
5 » d'avoine à 8 » » à 6 »	240	
5 h. 1/2 d'orge à 6 » » à 10 »	325	
Soit.......		3,035

Instruments.

1 charrue... 25

Ariaux ou aros, jougs, etc., etc....................... 100

2 charrettes à bœuf.................................. 200

Soit....... 325

Total.... 5,595

L'inventaire ne contient pas d'engrais en terre, parce que la culture pratiquée par les métayers enlevait tout ce que ces cultivateurs mettaient dans leurs champs. On pourrait même dire qu'après la rotation la terre était plus pauvre qu'elle ne l'était auparavant. Le mode de culture suivi par nos métayers du Centre est tellement épuisant qu'il compromet les récoltes futures. L'appauvrissement est d'autant plus à redouter pour l'avenir que les amendements calcaires sont employés pour l'extension des récoltes céréales, au lieu de servir à l'augmentation des récoltes fourragères. Ces pauvres cultivateurs, par le système épuisant dont ils font usage, sucent jusqu'à la dernière goutte du lait de notre généreuse mère, comme si ces hommes égoïstes devaient en être les derniers enfants ! ! !

Inventaire de sortie (31 *décembre* 1859).

Bestiaux.............................. Fr. 8,700

Instruments................................. 2,420

Fourrages en magasins, foin, paille, pommes de

    terre, etc................................. 3,795

Grains en grenier........................... 2,674

Compte créditeur............................ 421

Engrais en magasin......................... 599

  —   en terre.......................... 2,180

Récoltes en terre (cette estimation est basée sur

    la valeur des avances).................. 2,205

Soles en fourrages.......................... 1,250

Total........ 24,244

Balance : Inventaire de sortie.......... Fr. 24,244

          Inventaire d'entrée.... 5,595

La différence des deux inventaires est de.... 18,649

En comparant les deux inventaires on juge immédiatement de la valeur des deux systèmes de culture. Et, bien que cette somme considérable d'avances indique une exigence très-grande de dépenses en bâtiments, chemins, etc., on verra par ce qui suit que l'avantage reste au second mode.

Calcul du revenu de l'année 1859.

Intérêts à 3 0/0 du capital d'acquisition, soit................ 1,858 64
Augmentation des bâtiments exigée par le développement de la culture; cette somme est sur les livres de 18,000 fr.; mais le propriétaire, pour son agrément personnel, ayant pris pour 6,000 fr. des anciens bâtiments, il ne reste qu'une somme de 12,000 fr. à la charge de la culture, à 5 0/0...... 600 »
Amortissement de la somme précédente, à 3 0/0............. 360 »
Améliorations foncières, intérêt de 8,000 fr. à 5 0/0.......... 400 »
Intérêt à 5 0/0 du capital représenté par l'inventaire de sortie, déduction faite de l'inventaire d'entrée.............. 932 24
Intérêts à 5 0/0 pendant six mois des dépenses annuelles, 2,817 fr... 140 85

        Total............ 4,291 73

Différence des comptes créditeurs........... Fr. 3,086 60
Intérêts pendant six mois des recettes de l'année. 365 10
Loyer de 5 hectares pour le parc du propriétaire à 50 fr... 250 »
Fourniture faite par la basse-cour au ménage du propriétaire..................................... 300 »
Différence des deux inventaires (plus-value du dernier)...................................... 847 70

        Total............. 4.849 40

Bénéfice net, tous intérêts payés 557 67

Maintenant que la terre est améliorée, que l'assolement est arrivé à sa position normale, cette somme, qui doit s'élever tous les ans, peut paraître minime; mais il suffit de jeter un coup d'œil attentif sur les comptes qui précèdent pour s'assurer de la beauté du résultat.

Le résultat de la gestion de la Choltière serait peut-être mieux compris s'il était présenté de la manière suivante:

Dépenses générales... Fr.   11,517
Recettes générales...   14,604
Loyer des terres du parc..   250
Revenu de la basse-cour employé dans le ménage..   300

                                    Total........   15,154
Si au revenu net annuel de....................   3,637
on ajoute l'excédant du dernier inventaire........   847

                          On a pour revenu total.......   4,484
Si on défalque l'intérêt du capital d'acquisition..   1,858

                      , Il reste une somme de........   2,626

qui forme les intérêts du capital engagé dans l'exploitation, lequel
capital est de:

Améliorations foncières...   8,000
Bâtiments... 12,000
Inventaire à la sortie, moins celui d'entrée................... 18,649
Capital circulant, en argent, en caisse, ou dépenses en travaux   2,817

                                    Total................   41,466

Il résulte que la culture rapporte 6 fr. 33 c. pour cent.

Ce résultat prouve que l'on peut en agriculture faire d'aussi beaux
placements de ses capitaux qu'en industrie. On peut, en outre, dire à
l'avantage de M. d'Almenno, que la propriété a été achetée près de
20,000 fr. de plus qu'elle ne valait, et qu'un fermier qui aurait payé
1,200 fr. de loyer aurait eu de la peine à faire ses affaires ; par conséquent, la gestion a fait donner 3 0/0 à un capital qui n'en aurait donné
que 2 ; donc pour être juste c'est une somme de 600 fr. qu'il faudrait
appliquer au revenu. Il y a autre chose encore : le drainage, le marnage,
et divers autres travaux sont complétement amortis par les comptes
annuels ; et cependant ces opérations produisent toujours et produiront
encore longtemps un effet avantageux sur les récoltes, et augmenteront
sensiblement le revenu, donc cet amortissement anticipé doit figurer à
l'inventaire de sortie ; un cultivateur entrant ne pourrait pas estimer
cette somme moins de 8 à 10,000 fr., ou si l'on veut il paierait en plus
l'intérêt de cette somme, soit 400 fr. Par conséquent le revenu véritable
qu'a fait donner le gérant est de 3,625 fr. ou 8 74 0/0.

Ces chiffres répondent victorieusement à ceux qui prétendent que l'agriculture est ruineuse; et nous pourrions ajouter que si M. d'Almenno avait eu à sa disposition des capitaux plus abondants qui lui eussent permis de faire des avances plus promptement, il aurait eu la satisfaction de jouir beaucoup plus tôt de ses brillants résultats.

Disons qu'il aurait atteint le même but si au début de son exploitation il eût mis une portion de ses mauvaises terres en bois ; il aurait eu moins de peine et plus de capital à mettre par hectare.

M. d'Almenno a eu le mérite de tirer un excellent parti d'une mauvaise position, en surmontant victorieusement les obstacles sans nombre que rencontre tout agriculteur qui veut améliorer un mauvais sol. M. d'Almenno est un des élèves qui honorent l'école de Grignon, et un cultivateur qui, par ses exemples, a puissamment aidé à l'avancement du progrès agricole dans sa contrée. Nous qui sommes les témoins de ses succès, nous lui donnons ici nos sincères félicitations.

Cependant il ne faudrait pas conclure de cet exemple qu'il est toujours avantageux et facile d'exploiter par soi-même ; c'est, il est vrai, le moyen d'amélioration le plus puissant, le plus rapide, mais il expose à de grandes chances de pertes. On ne peut réussir qu'à la condition d'unir à des connaissances spéciales une grande activité, et surtout procéder très-économiquement. Ces qualités essentielles qui se rencontrent rarement réunies, M. Cornali d'Almenno les possédait à un haut degré.

La terre de la Choltière a obtenu en 1861 le prix d'honneur de culture décerné par la Société d'agriculture de l'Indre.

FAIRE VALOIR PAR DOMESTIQUE.

Le faire-valoir par domestique, sous la direction immédiate du propriétaire, expose le plus souvent à de grands mécomptes; car les employés ayant des gages fixes et n'étant pas intéressés dans la prospérité de l'exploitation, cultivent sans économie, font le moins possible et occupent presque toujours un personnel trop nombreux ; les frais de culture sont alors hors de rapport avec le produit, et bientôt le propriétaire s'aperçoit qu'au lieu de percevoir un revenu, il est constammént obligé de fournir des fonds qui, sous le nom d'améliorations, se trouvent absorbés. Ce système d'exploitation, que quelques propriétaires ont préféré au métayage, est aujourd'hui presque complétement abandonné.

DEUXIÈME MODE.

FAIRE VALOIR PAR FERMIER.

Le fermage est un mode d'exploitation fort commode pour le propriétaire qui ne veut pas s'occuper d'agriculture. En effet, quoi de plus séduisant que de confier sa propriété à un fermier intelligent qui, en améliorant sa culture, améliorera les terres et par conséquent augmentera la valeur vénale du sol, le tout à ses risques et périls? Se trouver ainsi débarrassé de tout souci, n'avoir à s'occuper de sa propriété que pour en toucher régulièrement les revenus en bonnes espèces, cela est vraiment très-agréable.

Malheureusement dans la pratique il n'en est pas toujours ainsi. Le Berry fournit peu de fermiers, et surtout peu de bons fermiers ; ceux qui sont solvables n'afferment qu'à bas prix, et au lieu d'exploiter directement, font exploiter en grande partie pour leur compte, soit par des domestiques, soit même par des métayers, et ils n'améliorent guère la propriété ; ceux qui ne sont pas solvables paient mal, pressurent les métayers qui exploitent pour leur compte et améliorent encore moins, si même ils ne ruinent la terre.

Quant aux fermiers étrangers, ils exploitent eux-mêmes et améliorent les propriétés ; malheureusement les domaines du Berry sont généralement très-négligés et exigent des avances relativement considérables pour être mis en bon état de culture. Il faudrait drainer, marner ou chauler, fumer fortement, construire des bâtiments, améliorer les chemins. Une grande partie de ces dépenses devrait être faite par le propriétaire, puisqu'elles donnent une plus-value au sol; mais comme celui-ci afferme sa propriété justement pour n'avoir pas à s'en occuper, il refuse naturellement de faire les dépenses nécessaires pour améliorer le sol et pour rendre la culture possible dans de bonnes conditions.

Si le fermier fait à ses frais tout ou partie de ces dépenses, il ne peut espérer d'être couvert de ses débours qu'après plusieurs années, et c'est très-souvent de l'argent perdu pour lui.

S'il ne les fait pas, son exploitation se trouve entravée pendant tout son bail.

Il faut donc au fermier étranger qui veut réellement et franchement entrer dans la voie du progrès, un grand capital, et il ne peut espérer réaliser des bénéfices que s'il a un long bail et s'il loue à bas prix.

Les fermiers ne conviennent donc qu'aux propriétaires éloignés, aux fonctionnaires publics, en un mot aux personnes qui, pour un motif quelconque, ne veulent et ne peuvent s'occuper de leur propriété ; le métayage est préférable pour le propriétaire quand le sol est mauvais et qu'il exige pour le bien cultiver plus de capitaux qu'il n'en a à sa disposition, ou lorsque la propriété est d'une étendue trop considérable pour entreprendre l'exploitation directe, surtout lorsque le travail a une valeur au moins aussi élevée que l'intérêt du fonds. C'est précisément ce qui a généralement lieu dans le Berry.

TROISIÈME MODE.

CULTURE EN MÉTAYAGE

AVEC LE CONCOURS DU PROPRIÉTAIRE.

Résultats obtenus.

Le métayage est un système de culture à partage de fruits. Dans le Berry, le partage se fait le plus ordinairement à moitié fruits : le propriétaire fournit son domaine avec tout le mobilier nécessaire à son exploitation ; de son côté, le métayer supporte tous les frais de culture ; en un mot, c'est l'association du capital et du travail.

Ce mode de faire valoir est très-ancien ; M. le comte de Gasparin le fait remonter au temps des Romains ; il est si généralement répandu dans le Berry qu'on en porte le nombre aux neuf dixièmes des exploitations.

Tous les auteurs qui ont traité la question du métayage s'accordent à dire que les pays où il règne sont généralement arriérés en culture et peu avancés en civilisation. Cette opinion pouvait être vraie il y a une trentaine d'années, alors que le manque de chemins et les difficultés de transports entravaient les communications et bornaient la production aux besoins des localités.

Mais cet état de choses n'existe plus ; des routes ont été ouvertes, des chemins vicinaux ont été créés, les débouchés sont devenus faciles et ont nivelé les prix de toutes les denrées agricoles.

De plus, les propriétaires s'occupent davantage de leurs propriétés, font des avances au sol et aux métayers, et par cela même augmentent et facilitent la production.

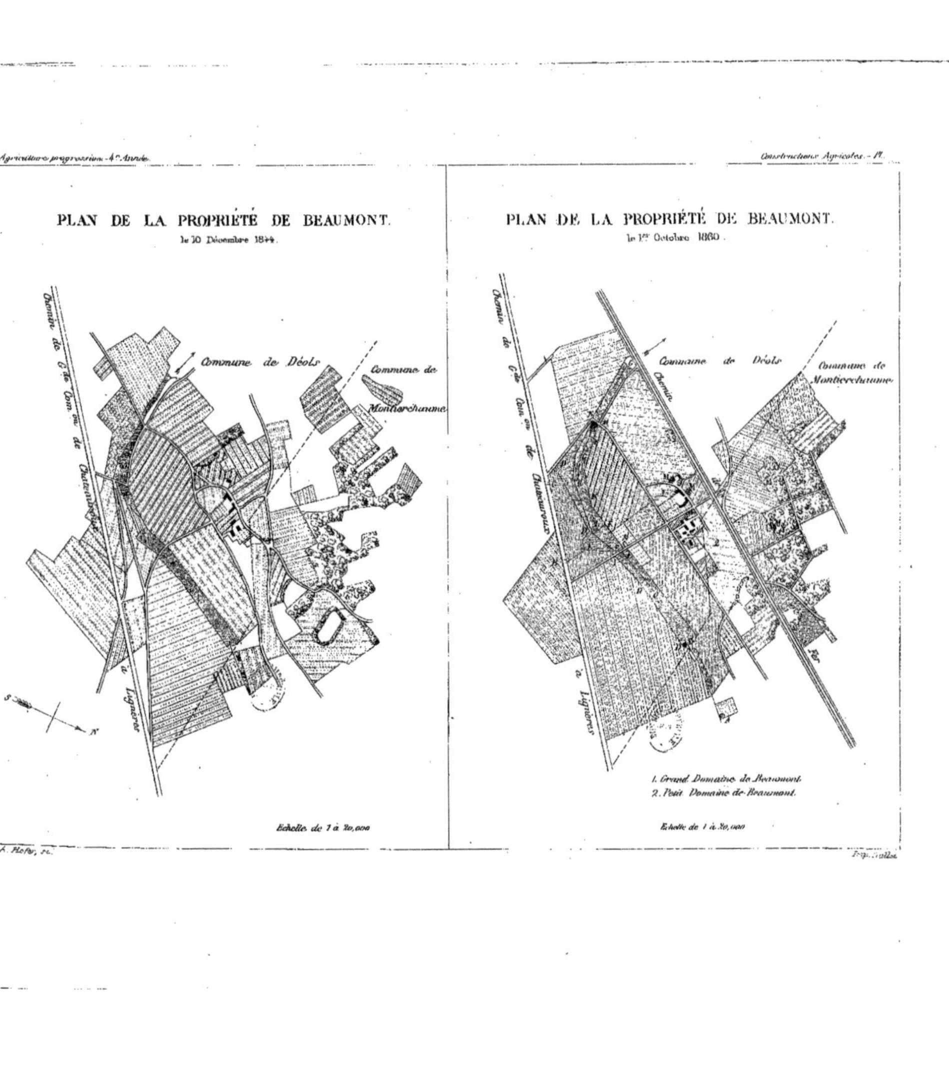
PLAN DE LA PROPRIÉTÉ DE BEAUMONT.
le 10 Décembre 1844.
Chemin de Gᵈᵉ Comᵐᵉ de Châteauroux
Commune de Déols
Commune de Montierchaume
à Lignière
S
N
Echelle de 1 à 20,000
A. Hofer, sc.
PLAN DE LA PROPRIÉTÉ DE BEAUMONT.
le 1ᵉʳ Octobre 1860.
Chemin de Gᵈᵉ Comᵐᵉ de Châteauroux
Chemin
Commune de Déols
Commune de Montierchaume
à Lignières
Fer
1. Grand Domaine de Beaumont.
2. Petit Domaine de Beaumont.
Echelle de 1 à 20,000

Mais, pour réaliser des améliorations sérieuses, une entente parfaite, une confiance mutuelle entre le propriétaire et le colon sont de toute nécessité ; chacun doit y apporter du sien et participer aux dépenses d'améliorations dans une juste proportion. C'est ce que comprennent parfaitement les propriétaires qui veulent sérieusement améliorer.

Avec un semblable système, les résultats ne jettent pas, surtout au commencement, beaucoup d'éclat ; les progrès sont un peu lents, mais ils sont plus sûrs et, par-dessus tout, ils n'exposent pas à de grandes chances de perte.

Nous citerons comme exemple les résultats obtenus par M. Damourette sur son domaine de Beaumont.

Division de la propriété. — La propriété de Beaumont a été achetée par M. Damourette vers la fin de l'année 1844.

A cette époque, elle se composait d'un domaine ayant 185 hectares de terres labourables, qui, conformément à l'usage du pays, étaient cultivées de la manière suivante : un sixième en jachère, un sixième en froment d'hiver fumé, un sixième en orge d'hiver ou de printemps, un sixième en avoine, deux sixièmes en friche pour le pacage des bêtes à laine.

Les bestiaux étaient, en 1844, aussi nombreux qu'aujourd'hui ; mais leur poids était beaucoup moindre et ils étaient fort mal nourris. Il est même étonnant que l'on ait pu parvenir alors à entretenir autant de têtes de bétail avec d'aussi faibles ressources.

Le métayer était si peu disposé à adopter les méthodes nouvelles qu'il a fallu le remplacer ; mais, quand même il aurait compris que sa culture était mauvaise, quand même il aurait été plus avancé que la plupart de ceux du pays, il n'aurait pu apporter aucune modification. Par son bail, il n'en avait pas le loisir ; en effet, ce bail, passé en 1836, portait :

« Art. 1er. Les preneurs seront tenus d'ensemencer les terres en temps et saisons convenables, *sans pouvoir les changer de réage.* »

Cette clause existe dans tous les anciens baux. Elle pouvait avoir sa raison d'être avant l'introduction de la culture des racines et des prairies artificielles ; mais aujourd'hui elle a d'autant plus besoin d'être profondément modifiée qu'elle rend tous progrès impossibles, et cependant la force de l'habitude est tellement invétérée que la plupart des notaires du Berry croiraient encore aujourd'hui manquer à leur devoir s'ils omettaient de mettre religieusement cette clause en tête des baux qu'ils sont appelés à faire.

Au surplus, ce n'est point aux notaires, mais aux propriétaires et aux fermiers entrants à indiquer eux-mêmes le mode de réage qu'ils entendent suivre, et à le faire insérer dans le bail ; et même nous pensons qu'il serait préférable de ne pas en parler du tout, car, quel que soit le réage que l'on indique et aussi rationnel qu'il paraisse, il peut se faire que dans le courant d'un bail il convienne de le modifier.

Ce domaine, qui était exploité par le sieur Borgeais père, comportait, de plus, 13 hectares de prés naturels, dont plus de moitié était située au centre même de la propriété ; ils étaient mal soignés et ne produisaient que de l'herbe fort médiocre et en petite quantité.

La propriété se complétait d'une locature de quelques hectares exploitée par le sieur Not.

D'après un vieil usage très-répandu autrefois dans le pays, la locature avait le droit de faire pacager les animaux sur toutes les terres du domaine. Il résultait de cet usage que les intérêts du fermier de la locature et ceux du métayer étaient opposés, et que ce dernier ne pouvait en aucune manière modifier le système de culture qui lui était imposé par son bail et par l'usage de la locature.

Le premier soin de M. Damourette fut de supprimer la locature et de diviser la propriété en deux domaines complétement distincts l'un de l'autre ; car, en général, les exploitations sont trop grandes pour le capital que l'on y consacre, et il est préférable et plus avantageux de cultiver mieux sur une moindre étendue, que de vouloir, avec un faible capital, exploiter des grandes surfaces.

Lors de l'achat de Beaumont, cette propriété était morcelée et renfermait plusieurs enclaves, ce qui présentait une grande difficulté pour la culture et entravait les améliorations que M. Damourette projetait. Il s'occupa donc activement de faire cesser cet état de choses, et quoique la plupart du temps les échanges sont avantageux aux deux parties, ce n'est qu'après quinze années de persistance qu'il est parvenu à réunir la propriété en un seul tenant, et cela au moyen de cinquante-deux actes d'achat, de vente et d'échange, savoir :

15 actes d'achat ;

13, » de vente en détail d'un pré tourbeux pour jardins ;

24 » d'échange.

---

52 actes ensemble.

(Voir le plan de la propriété de Beaumont : 1° le 10 décembre 1844 ; 2° le 1er octobre 1860.)

Situation. — Les domaines de Beaumont sont situés au nord-est de Château-

roux, à 5 kilomètres de cette ville, dans la plaine calcaire appelée Champagne
du Berry.

Formation. — Le terrain appartient à la formation jurassique ; la partie calcaire est développée en masse considérable, et est formée d'assises nombreuses, mais peu épaisses, composées de pierres se détachant en feuillets unis et
réguliers, ce qui leur a fait donner le nom de pierres lithographiques.

Nature physique. — La terre végétale est de nature diverse : dans quelques
parties, la silice abonde, le sol est léger ; quelquefois l'argile est l'élément do-
minant, mais le plus souvent c'est un mélange d'argile et de calcaire qui cons-
titue les terres fortes ; ces dernières forment la majeure partie de la propriété.

Composition chimique. — Les portions siliceuses et argileuses de la propriété,
on le comprend, ont besoin, pour produire des céréales et des légumineuses,
de l'élément calcaire ; mais ce qui n'est pas aussi saisissable, c'est que les terres
formées en grande partie de calcaire réclament encore l'appui de cet élément ;
cela tient à deux causes : 1° à ce que les pierres lithographiques qui forment
la portion calcaire du sol se décomposent difficilement : le carbonate de chaux
restant insoluble, l'absorption en est restreinte et les plantes souffrent de cette
assimilation trop lente ; 2° à la culture épuisante à laquelle les terres étaient
soumises depuis des siècles par les cultivateurs qui se sont succédé.

Economes jusqu'à la parcimonie de labours et d'opérations préparatoires, et
plus avares encore de substances fertilisantes, ils enlevaient de cette couche
végétale (qu'ils écorchaient à peine avec leurs instruments informes) tous les
éléments nutritifs qu'elle pouvait contenir, sans jamais lui rendre même la moitié
de ce qu'ils lui demandait.

M. Damourette a ouvert plusieurs marnières sur la propriété et il a obligé
les métayers à conduire, chaque année, 500 mètres cubes de marne. Il pense à
employer la chaux sur ses terres.

Chemins. — L'établissement du chemin de fer, qui traverse la propriété, et
l'ouverture de la route de Châteauroux à Lignières, a permis de modifier les
chemins qui sillonnaient la propriété en tous sens. Pour faire ces changements
il fallait le concours des administrations municipales des communes de Déols et
de Montierchaume, qui, heureusement, étaient d'autant plus favorablement disposées que les nouvelles directions que M. Damourette se proposait de donner
aux chemins, bien qu'elles fussent établies principalement en vue de la bonne
division des domaines de Beaumont, de la bonne exploitation des champs, de
leur assainissement, et surtout en vue des irrigations des prairies, n'étaient pas
moins favorables aux terres des voisins auxquelles elles aboutissaient.

Les chemins qui traversent actuellement les domaines de Beaumont sont bien établis et parfaitement entretenus, et cela parce qu'au lieu d'être entretenus par la commune, ils le sont par les métayers.

Selon M. Damourette, les cultivateurs devraient entretenir eux-mêmes les chemins qui sont autour de leurs domaines, car ce sont eux qui les usent; en laissant ce soin aux communes, les chemins sont mal entretenus, parce que les prestations sont insuffisantes, et qu'au lieu d'entretenir continuellement et au fur et à mesure qu'il y a des dégradations, on est forcé d'attendre, et alors le mal s'est considérablement aggravé et exige des frais de réparations souvent hors de rapport avec les ressources dont la commune dispose ; tandis que si le cultivateur avait la charge d'entretenir, il n'attendrait pas la détérioration du chemin pour le réparer, et souvent ce travail se ferait sans débours, surtout dans les contrées où la pierre est commune et où les champs ont même besoin d'être épierrés.

Ce système, s'il se généralisait, améliorerait sans doute les chemins ruraux, mais la répartition équitable des charges d'entretien présenterait des difficultés, car il arrive fréquemment qu'un chemin sert plus à une propriété voisine qu'à celle qu'il traverse sur une assez grande étendue. Dans ce cas, qui se présente assez souvent, il serait assez difficile de mettre d'accord les intéressés ; toutefois, M. Damourette a donné un bon exemple en entretenant lui-même ses chemins, et il n'a qu'à se féliciter de son initiative.

Le long des chemins il a fait creuser plusieurs mares qui sont une précieuse ressource pour abreuver les bestiaux pendant l'été, et seraient d'un grand secours en cas d'incendie, alors que tous les fossés sont à sec.

Assainissement des terres. —Les pièces de terres humides ont été assainies au moyen de nombreuses rigoles dont les eaux s'écoulent dans des fossés de ceinture qui ont eu pour but de clore les terres en même temps que de les assainir. M. Damourette a aussi fait creuser plusieurs puisards qui absorbent les eaux et communiquent de la fraîcheur au sous-sol ; ce système ne peut toutefois être appliqué que dans des cas exceptionnels et lorsque la nature du sol et la configuration du terrain s'y prêtent.

Plantations, vignes, jardins. — Les anciennes plantations, établies sans ordre, occupaient beaucoup de terrain et donnaient peu de produits ; les arbres fruitiers étaient de mauvaises espèces peu productives ; les premières ont été remplacées par de l'ormeau, qui réussit bien dans la localité. Dans les parties où le sol était le plus convenable, on a planté du peuplier noir ; cet arbre présente bien, il est vrai, quelques inconvénients, cependant il donne en peu de temps du bon bois pour les constructions, et la feuillée, bonne pour les animaux, est souvent d'une grande ressource. M. Damourette a aussi fait planter, dans les parties basses, des saules que l'on exploite en tétards et qui sont destinés à fournir des bourrées ; il a aussi garni les domaines de pommiers à cidre qui sont déjà une précieuse ressource pour les métayers dans les années où le vin est cher.

Dans les allées qui traversent les parties calcaires, il a planté le noyer en alternant avec l'ormeau ; il a placé des arbres fruitiers d'espèces choisies dans le parc, dans les jardins et dans les vignes ; il a créé plus d'un hectare de vignes et il se propose d'étendre encore cette culture ; il a planté des treilles le long des bâtiments ; enfin, il a organisé un jardin potager dans chaque domaine, et chacun de ces jardins a été pourvu d'une citerne destinée à fournir l'eau nécessaire aux arrosages. Bien peu de fermes du département jouissent d'un semblable avantage.

Fig. 8. — Persienne pour bergerie.   Fig. 9. — Coupe d'une persienne.

Bâtiments. — Les anciens bâtiments étaient, comme la plupart de ceux que l'on rencontre dans les domaines du Berry, bas, humides, sans air. On a la malheureuse habitude de vouloir que les bêtes aient chaud, et pour leur procurer de la chaleur on les étouffe ; de là une foule de maladies. Le premier soin de M. Damourette a été de faire réparer les bâtiments qui étaient passables, de leur donner de l'élévation, de les assainir et de les aérer ; ces travaux, qui n'ont demandé que de faibles avances, ont suffi pour faire disparaître les fièvres. Il a ensuite fait construire des nouveaux bâtiments au fur et à mesure que le besoin s'en est fait sentir ; il a fait creuser des caves, élever des hangars à fourrages et construire des greniers à blé, aisances qui manquent dans presque tous les domaines du Berry. Ces constructions sont solidement établies et cependant elles sont faites avec la plus grande économie.

Il a fait établir des parcs devant les bergeries et il s'en trouve très-bien. Nous donnons ci-joint le dessin de fermeture des bergeries ; ce système est simple, commode et peu coûteux; au moyen des fenêtres à persiennes, on modère le courant d'air à volonté, et on ne laisse pénétrer que ce qui est nécessaire pour le bon entretien et l'hygiène des animaux.

Il a encore fait élever très-économiquement, en employant des perches et de la paille de chaume, deux grands hangars qui permettent de mettre à couvert tout le matériel de l'exploitation.

Instruments aratoires. — Les instruments employés dans les métairies de Beaumont ne sont pas encore nombreux, mais cependant ils suffisent à la culture, et surtout ils sont bien choisis : M. Damourette a été aidé en cela par son fils, ancien élève de Grignon. Ces instruments consistent en de bonnes charrues et de bonnes herses, fabriquées dans le pays, deux machines à battre, une houe à cheval, des tarares, un trieur Vachon et un trieur Pernollet, des coupe-racines, un scarificateur, un buteur-rabot de raies, etc..... M. Damourette a l'intention de faire bientôt l'acquisition d'un hache-paille.

Mode d'exploitation. — Voulant conserver le métayage comme étant dans sa position le moyen de faire rapporter le plus à sa terre, il a fallu nécessairement qu'il en modifiât le système, d'autant plus que les métayers du Berry étant trop pauvres pour pouvoir faire eux-mêmes les améliorations foncières et les avances que nécessite une culture plus *active*, il faut nécessairement que le propriétaire intervienne s'il veut réellement améliorer. M. Damourette fit avec ses métayers un bail qui devrait être consulté par tous les propriétaires qui s'occupent de faire cultiver avec des métayers. Ce bail, en cinquante-quatre articles, est un véritable cours d'agriculture ; il fut aidé dans la rédaction de cet acte par son fils. Voici la teneur de ce bail.

Analyse des principales conditions du bail donné par M. Damourette, propriétaire à Châteauroux, au sieur Renault, cultivateur, en date du 11 novembre 1854.

Le bail est consenti pour trois, six ou neuf années consécutives ; il est résiliable, *au choix des parties*, à l'expiration de la troisième ou de la sixième année, en s'avertissant six mois à l'avance par acte extrajudiciaire.

L'entrée en jouissance a lieu pour la *cassaille* des terres le 23 avril 1855, et pour l'entière jouissance (sauf l'enlèvement des récoltes de l'année courante) le 24 juin 1855.

Suit la désignation des pièces de terre et des bâtiments.

Le bailleur se réserve :

1° Une remise dont il jouit actuellement ;
2° La jouissance d'une vigne nouvellement plantée ;

3° La jouissance exclusive de tous les bois taillis, *sans aucun droit de paçage au profit des fermiers ;*

4° La moitié de tous les fruits, y compris les noix et les pommes à cidre. Leur récolte doit être faite par et aux frais des preneurs, sans aucune indemnité.

Les huit premiers articles du bail comprennent le droit d'extraire du sable et des matériaux de construction ; la faculté de prendre jusque 1 hectare de terre moyennant une indemnité de 24 francs pour l'hectare ; le droit de construire, de planter, de défricher, de créer de nouvelles prairies sans indemnité ; le droit de faire extraire du minerai de fer, de la marne, etc.; celui de vendre, d'acheter et d'échanger les terres moyennant augmentation ou réduction du prix du bail, calculée sur le taux de 3 0/0 ; indiquent les conditions d'exploitation des haies et des têtarts qui sont d'ailleurs celles en usage dans le pays ; enfin l'obligation d'entretenir les bâtiments du domaine en bon état de réparations locatives.

Les articles 9, 10 et 11 imposent au preneur l'obligation d'entretenir les prés nets d'épines et de taupinières et à faux courante, d'arroser à fond les prés irrigables aussi souvent que possible et qu'il sera nécessaire de le faire, et d'entretenir bien clos tous les héritages qui ont coutume de l'être.

Par les articles 12 et 13, les preneurs sont tenus de veiller avec soin à ce que les bestiaux et surtout les bêtes à laine ne détériorent pas les plantations, principalement celles nouvellement faites.

Ils les dispensent du curage des fossés ; mais si le bailleur les fait curer à ses frais, ils sont tenus de conduire les curures de ces fossés dans les terres ou dans les prés. Le bailleur se réserve le droit de faire tailler les buissons, qui devront, après cette opération, être entretenus par les preneurs conformément aux instructions qui leur seront données.

Art. 14. — Les preneurs cultiveront, fumeront et ensemenceront les terres en temps et saisons convenables, sans pouvoir *les surcharger ni les doubler.*

Art. 15. — Ils emploieront à leur amendement tous les fumiers et engrais qui se feront dans le domaine, sans pouvoir en vendre ni détourner, non plus qu'aucune partie des fourrages, naturels ou artificiels, pailles ou litières.

Ils ne pourront non plus vendre ni détourner aucune plante ou racine fourragère destinée à la nourriture des bestiaux.

Art. 16. — Tous les fumiers seront employés sur la sole de froment d'hiver, qui se partagera entre le bailleur et les preneurs ; il ne pourra en être distrait que pour le jardin, les betteraves, les topinambours et les choux-vaches, si ce n'est d'un commun accord entre les parties.

Les fumiers seront sortis des bergeries au moins quatre fois par an.

Art. 17. — Si le bailleur juge à propos d'acheter à Châteauroux des fumiers ou des cendres, les preneurs devront charger, transporter et épandre ces engrais sur les terres ou les prés que le bailleur leur indiquera.

Art. 18. — Sur la contenance de 71 hectares environ de terres en culture, il sera mis hors d'assolement environ 8 hectares, qui seront chaque année ensemencés ainsi qu'il suit :

1° 50 ares environ tant en choux-vaches que topinambours ;

2° 1 hectare 50 ares en betteraves, lesquelles seront fumées, cultivées et récoltées par les preneurs ;

3° 4 hectares 50 ares en luzerne ; les luzernes seront faites après les betteraves, sur un premier blé et sur terres bien propres. Pour remplacer les luzernes prêtes à venir à fin, les preneurs feront, par chaque période de trois ans, au moins 1 hectare 50 ares de luzernes nouvelles.

Il sera fait de l'avoine sur les luzernes défrichées, et les céréales faites avec ou après les luzernes seront comprises dans la quantité indiquée article 19.

Les betteraves seront binées avec soin au moins deux fois ; les binages à la houe à cheval seront donnés par les preneurs et à leurs frais ; le bailleur fera donner à ses frais le complément de ces binages ; il aura la faculté de charger les preneurs de ce travail en leur donnant une indemnité de 50 francs par hectare et par an.

La façon des silos pour garantir les racines sera à la charge des preneurs.

Art. 19. — Les 63 hectares restant seront divisés en six soles à peu près égales. Ces six soles seront soumises à l'assolement suivant :

Première année : Jachère fumée.

Deuxième année : Froment d'hiver.

Troisième année : Une partie de cette sole formant environ 7 hectares sera ensemencée en fourrages artificiels mélangés, tels que trèfle, sainfoin, luzerne, minette, ray-grass et autres graminées, etc.; ces fourrages dureront ordinairement deux ans.

La première année ils seront fauchés et seront défrichés au bout de la deuxième année.

Le surplus de cette sole formant environ 3 hectares 50 ares sera ensemencé en trèfle incarnat, seigle pour être mangé en vert, gesse, vesce d'hiver ou de printemps, etc.

Quatrième année : Il sera fait, s'il est possible, une coupe sur les 7 hectares de fourrages bisannuels, lesquels seront ensuite soumis au pacage ; quant aux 3 hectares 50 ares ensemencés en fourrages annuels, ils seront ensemencés en blés noirs pour les porcs, pois, pommes de terre, betteraves ou colza, etc.

Cinquième année : Céréales soit d'hiver, soit de printemps, autres que l'avoine ; c'est dans cette sole que les preneurs feront leur seigle, sauf par eux à employer le guano.

Sixième année : Avoine soit d'hiver, soit de printemps.

Les preneurs devront rendre les terres à leur sortie d'après cet assolement ; ils devront aussi laisser, à leur sortie, les quantités de prairies artificielles énoncées ci-dessus en bon rapport, sans avoir à prétendre à ce sujet aucune indemnité.

Il ne sera employé pour semences que des blés de première qualité provenant autant que possible des blés pris hors du domaine.

Les preneurs seront autorisés à faire, à la fin de l'assolement, deux céréales de suite ; ils ne pourront pas faire plus de trois céréales en six ans dans le même terrain.

Art. 20. — Les preneurs feront, avant le 24 juin de l'année de leur sortie, une coupe de luzernes et de trèfles et autres fourrages, qui appartiendra, savoir : trois quarts aux fermiers entrants et un quart aux fermiers sortants ; les frais de récolte se partageront entre eux dans la même proportion. Les fermiers sortants ne pourront enlever la portion de fourrages qui n'aura point été consommée ; ils la laisseront aux fermiers entrants, qui leur en tiendront compte aux prix d'estimation fixé par les experts, sans que ce prix puisse dépasser 20 francs les 1,000 kilogrammes.

Art. 21. — Les fermiers entrants auront le droit de faire, dès le mois d'octobre qui précèdera la sortie des preneurs, les labours nécessaires pour la culture de la betterave et celle de la jachère. Dès le mois de février, ils pourront effectuer les semis qu'ils croiront convenables en betteraves et plantes fourragères de différentes sortes, nécessaires pour l'alimentation des bestiaux. Ils pourront aussi disposer, à la même époque, de la moitié du jardin affermé pour le mettre en culture.

Art. 22. — Les graines des prairies artificielles (luzernes, sainfoins, vesces d'hiver et de printemps, minettes, pimprenelles et autres) et celles des racines ou plantes fourragères (choux-vaches, topinambours et autres) seront payées moitié par le bailleur, moitié par les preneurs.

Il ne sera employé que de la graine de luzerne de Provence.

Quant à la graine de trèfle de la première année, elle sera prise à Strasbourg et payée moitié par le bailleur, moitié par les preneurs.

La graine de trèfle des années suivantes sera fournie par les preneurs seuls.

La graine de betteraves devra être récoltée sur la propriété.

Les luzernes, trèfles, vesces, gesses et autres plantes de la famille des légumineuses seront plâtrés à raison de 2 hectolitres par hectare.

Les frais d'achat seront supportés par moitié. Le plâtre sera amené sur place et répandu par les preneurs.

Ces mêmes conditions sont applicables pour l'achat et l'emploi du guano.

6

L'art. 23 interdit aux preneurs de labourer leur jardin à la charrue ; d'envoyer les oies dans les prairies naturelles ou artificielles ; d'envoyer les bestiaux dans les prés et pacages lorsqu'ils ne sont pas suffisamment secs, et d'avoir des chèvres.

L'art. 24 oblige de conduire annuellement au moins 200 mètres cubes de marne sur les jachères et de l'épandre sur les terres à raison de 60 mètres cubes par hectare ; la marne sera prise dans la dépendance de la propriété. Les preneurs pourront marner par anticipation ; mais par contre, dans le cas où ils ne pourraient accomplir cette charge dans le cours d'une année, ils seront obligés de cumuler avec l'année suivante.

L'extraction de la marne et le chargement restent au compte du propriétaire seul.

La pierre triée sera conduite sur les chemins et sera comprise dans le cubage de la marne.

L'art. 25 comprend l'obligation par les preneurs de transporter à pied d'œuvre avec les bestiaux et les charrettes du domaine, et sans indemnité, les matériaux nécessaires pour les constructions, les reconstructions, les grosses et les menues réparations ; ils doivent en sus, au profit du bailleur, quatre charrois d'une voiture à trois chevaux, ou l'équivalent en transports de toute autre nature.

Les art. 26 à 32 imposent aux preneurs l'obligation de curer et nettoyer les arbres fruitiers, de faire du guéret autour des arbres forestiers et fruitiers, et de laisser sans être labouré ni ensemencé 1 mètre carré au moins au pied de chaque arbre forestier, et 1^m,50 de long sur autant de large au pied de chaque arbre fruitier ; de planter annuellement et aux endroits indiqués par le bailleur six arbres fruitiers, dont l'achat sera fait moitié par le bailleur, moitié par les preneurs ; de faire assurer leurs récoltes contre la grêle, et de faire assurer contre l'incendie leurs grains, récoltes, chevaux, instruments aratoires et autres valeurs, le tout à leurs frais ; de faire assurer également contre l'incendie les bestiaux formant le cheptel à moitié, mais le bailleur paiera la moitié des frais de cette assurance ; de ne pouvoir sous-louer ni céder tout ou partie de leur bail, ni associer personne sans la permission expresse du bailleur, sous peine de dommages et intérêts, de la nullité des cessions et même de la résiliation du bail ; enfin l'art. 32 leur défend d'arracher ou de couper par pied ou par cime aucun arbre vivant ou mort. Les preneurs profiteront des émondages, dont le feuillage servira à la nourriture des bêtes à laine, conformément à l'usage ; l'émondage sera divisé en coupe réglée, les ormeaux seront ébranchés par quart d'année en année et tous les quatre ans.

Art. 33. — Les preneurs ne pourront prétendre à aucune indemnité, ni diminution du prix du bail ci-après fixé, pour quelque cause que ce puisse être, pas même pour vimaires totales ou partielles, pour grêle, gelée, sécheresse, incendie, inondation, stérilité, mortalité de bestiaux et autres cas fortuits imprévus.

Cette clause ne pourra être réputée comminatoire, étant au contraire de toute rigueur, attendu que si les preneurs ne s'y fussent soumis expressément, ce bail ne leur eût point été consenti, et que le prix des fermages a été fixé en cette considération.

Les art. 34 à 37 réservent le droit de chasse, une place dans l'écurie du domaine pour les chevaux du bailleur ou des personnes de sa maison, l'obligation de nourrir les chevaux avec du foin et de leur faire la litière ; laissent à la charge du preneur seul les dépenses du charron, du maréchal et du bourrelier, ainsi que toutes les autres dépenses de culture et d'exploitation ; réservent aux preneurs, à leur sortie, le droit de conserver une chambre d'habitation, de mettre deux chevaux à l'écurie et de faire battre leurs grains au moyen de la machine à battre dans l'intervalle du 24 juin de l'année de leur sortie jusqu'au 25 décembre suivant.

Art. 38. — Toutes espèces de semences de gros et menus blés seront fournies par les preneurs seuls, en sorte que la moitié du bailleur, dans les froments d'hiver fumés, lui appartiendra chaque année franche desdites semences.

Les personnes qui seront employées à la coupe et à l'amas des blés, seront nourries et payées en totalité par les preneurs, sans aucune espèce de répétition contre le bailleur, qui sera obligé de fournir pendant le temps de la moisson des gros blés seulement un homme compteur, qui travaillera à ladite moisson autant qu'il ne sera pas occupé à compter les gerbes appartenant au bailleur ; cet homme sera nourri par les preneurs et payé par le bailleur.

Ces gros blés se partageront à la gerbe dans les champs, et la moitié desdits blés revenant au bailleur sera conduite par les preneurs avec les bestiaux et les charrettes du domaine dans la grange réservée au grand domaine ; les preneurs seront tenus, en faisant ladite conduite, de faire alternativement un charroi pour le bailleur et un pour eux ; ils fourniront aussi, sans indemnité, deux chevaux, un charretier et un homme pour le battage des blés revenant au bailleur et pour le transport d'une gerbe dans l'autre.

Le bailleur reste chargé du surplus de la main-d'œuvre, tant du battage que du vannage des grains ; il ne contribuera en rien aux frais d'usure et d'entretien de la machine à battre.

Art. 39. — Les preneurs seront chargés à leur entrée en jouissance d'un fonds de cheptel de fer, sans perte ni gain, pour le bailleur, selon l'estimation qui en sera faite soit à l'amiable, soit par experts, lequel cheptel se compose :

1° De chevaux, colliers, harnais, charrettes, charrues, herses, rouleaux et autres ustensiles ;

2° Des fumiers et des pailles, sauf les pailles des récoltes qui seront sur pied au 24 juin 1855, conformément à l'article 49 ;

3° Des râteliers à augettes et autres placés dans les bergeries.

Ils seront aussi chargés, toujours à titre de cheptel de fer, des deux cinquièmes de la valeur de la machine à battre et d'une houe à cheval, les trois autres cinquièmes restant à la charge du fermier du grand domaine (1).

Les preneurs seront également chargés d'un fonds de cheptel à moitié profit et perte, entre le bailleur et les preneurs, consistant en bêtes à laine, bœufs, vaches, veaux, velles, taures et taureaux, lequel sera estimé soit à l'amiable, soit par experts ; la valeur de ce cheptel sera de 3,000 à 3,500 francs. Ils seront tenus d'avoir habituellement quatre chevaux et quatre bœufs de travail.

Art. 40. — Dans le but d'améliorer la bergerie, il sera fait des croisements au moyen d'agneaux ou béliers de la race dite de Crevant, achetés à cet effet, et provenant des meilleures bergeries du pays.

Il sera acheté dans un court délai au moins vingt vassives de la race dite de Crevant. Les agneaux seront châtrés à l'âge d'environ trois mois, au moyen du procédé usité à Grignon. Les betteraves seront données de préférence aux mères brebis ; il n'en sera pas donné aux agneaux.

Art. 41. — Les laines tant grandes qu'écouailles, le croît et les autres produits des bestiaux qui composent le cheptel à moitié, se partageront annuellement par moitié entre les preneurs et le bailleur ; à l'égard de la laine des agneaux, elle appartiendra en totalité aux preneurs. qui ne pourront, dans aucun temps et sous aucun prétexte que ce soit, disposer, par vente ou autrement, d'aucune des bêtes du cheptel à moitié sans le consentement du bailleur.

Les preneurs seront chargés de la conduite des laines au domicile du bailleur sans indemnité.

Les articles 42 à 45 indiquent qu'il sera fait au moins un élève par an à la vacherie, et que les veaux ne seront pas vendus avant l'âge de six semaines ; obligent les preneurs de laisser à leur sortie dans le domaine des objets et des animaux des mêmes espèces, et à peu près pour une même valeur que ceux qu'ils ont reçus ; ils leur interdisent de se faire fournir des bestiaux par qui

---

(1) Conformément au procès-verbal en date du 24 juillet 1855, le fonds du cheptel de fer, sans perte ni gain, se composait de :

1° Divers objets.. Fr.	1,528	50
2° Fumiers, paille...	745	05
3° Garniture de bergerie, augettes, etc.	85	»
2/5ᵉ de la valeur de la houe à cheval	14	»
Il a été acheté par M. Damourette une nouvelle machine à battre pour l'usage du petit domaine, dont le prix coûtant est de.................................	680	75
Le cheptel à moitié se composait de deux vaches..........................	430	»
Bêtes à laine, pour	2,972	50
Ensemble................... Fr.	3,402	50

que ce soit autre que le bailleur ; les obligent de porter tous leurs soins au cheptel à moitié, et de le gouverner en bon père de famille.

Par l'art. 46, il est expressément convenu qu'en cas de perte totale des bestiaux qui composent le cheptel à moitié profit et perte, même sans la faute des preneurs, la perte n'en sera pas moins supportée par moitié, et ce par dérogation à l'art. 1810 du Code Napoléon.

Art. 47. — En cas d'insuffisance de foin et autres fourrages pour la nourriture desdits bestiaux, ceux qu'il conviendrait d'acheter le seront en totalité par les preneurs, sans aucune répétition contre le bailleur.

Par l'art. 48, le bailleur se réserve d'acheter plusieurs instruments qu'il croit convenables, nécessaires et d'un emploi économique pour les preneurs ; il désigne, entre autres, un trieur, un scarificateur, une charrue sous-sol, etc. Ces instruments serviront aux deux domaines dans les conditions précédemment indiquées.

Art. 49. — Les preneurs restent chargés de toutes les balles, vantins, foins naturels et artificiels, guérets, louets et surlouets qui se trouvent dans le domaine, le tout sans aucune estimation ; ils rendront ceux des mêmes objets qui se trouveront à leur sortie par représentation et sans estimation, sauf ce qui a été dit à l'art. 20 ; ils prendront par estimation les fumiers existants à leur entrée en jouissance ; ils les rendront de même à leur sortie ; ils prendront et rendront de la même manière les pailles provenant de la dernière récolte et laissées par les fermiers sortants ; quant aux pailles pendantes par racines, elles seront prises et rendues par représentation.

L'art. 50 oblige de couper les récoltes le plus près possible du sol, et l'art. 51 dit qu'il sera fait un état des lieux dans le courant de la première année de jouissance.

L'art. 52, sous le titre de *menus suffrages*, indique que les preneurs fourniront tous les ans au domicile du bailleur, dans l'intervalle du 29 septembre au 25 février, à sa première demande, cent bottes de paille de froment d'hiver du poids de 6 kilog. chacune, 2 kilog. de beurre frais, quatre dindes, trois oies grasses, quatre canards, huit poulets.

Art. 53. — *Prix du bail.* En outre ce bail est fait :

1º Moyennant la somme de 350 francs en argent pour les trois premières années du bail ; 400 francs pour les trois années suivantes, et 500 francs pour les trois dernières années ;

2º La moitié de tous les froments d'hiver fumés, laquelle sera prise et perçue de la manière sus-expliquée, sur une surface de 10 hectares 50 ares ;

3º Et la quantité de soixante doubles décalitres d'avoine.

Art. 54 et dernier. — Les preneurs s'obligent solidairement entre mari et femme au paiement de toutes les redevances tant en nature qu'en argent, etc. Suit l'évaluation pour l'enregistrement, l'élection de domicile, etc.

Si nous comparons ce bail au précédent, rédigé suivant les usages du pays et comprenant la location des deux domaines de Beaumont, nous remarquons d'abord que la manière dont la culture est indiquée doit donner lieu à des discussions continuelles entre le propriétaire et le fermier. En effet, voici comment est rédigé l'article 2, le seul où il soit question de la manière de cultiver.

Les preneurs seront tenus de bien et dûment cultiver, fumer et ensemencer les terres, en temps et saisons convenables, sans pouvoir les surcharger, doubler ni changer de réages, et d'ailleurs ils y emploieront tous les fumiers et autres engrais qui se feront annuellement dans lesdites métairies, sans pouvoir en vendre ni détourner aucun, non plus qu'aucuns fourrages ; d'avoir toujours en valeur 4 hectares au moins de prairies artificielles qui seront semées avec les orges immédiatement après les blés.

Or, ce bail était consenti, indépendamment de la moitié, perte ou bénéfice, du cheptel vivant :

1° Moyennant une somme en argent ;
2° La moitié de tous les blés d'hiver fumés ;
3° 37 hectolitres 50 litres d'avoine ; .
4° 5 hectolitres orge ;
5° Menus suffrages consistant en paille, beurre, dindes, oies et poulets.

Comme on le voit, rien n'est défini, quant aux surfaces à emblaver et à la rotation d'assolement, et cependant cette rédaction est à peu près généralement adoptée par les notaires et elle est rarement plus claire et plus complète ; il en résulte que le fermier qui ne considère le plus ordinairement que le présent, et qui ne se soucie pas de l'avenir sur lequel il compte peu, fait moins de blé, et le fait dans de mauvaises conditions ; par contre il soigne mieux et augmente ses emblavures en avoine et en orge, dont le produit n'est pas à partager avec le propriétaire ; ensuite il fait peu de prairies artificielles et pas de racines, parce qu'il ne peut pas vendre de fourrage, et que la culture des racines est trop onéreuse. Finalement il entretient moins de bestiaux qu'il devrait le faire, et les nourrit mal, par conséquent il fait peu de fumier, et comme malgré cela il tire de la terre le plus de grains possible, le sol s'appauvrit, et bientôt au lieu de l'aisance et de la prospérité, il voit arriver la misère et la pauvreté, enfin il se ruine en même temps qu'il ruine la propriété.

La culture par le métayage peut être productive, mais ce n'est qu'à la condition que le propriétaire vienne en aide au métayer et par ses capitaux et par ses conseils; laissé à ses propres ressources et sans direction, il ne saurait que ruiner les terres qu'il exploite et vivre misérablement.

Comme on le voit, il a, dès le principe, complétement renoncé à l'ancien système de culture, et s'est attaché tout particulièrement à multiplier les moyens de nourriture pour les bestiaux en contribuant pour une part dans les frais de culture.

Ainsi, pour les prairies artificielles, il paie une partie des graines et la moitié du plâtre ; il paie tous les frais de binages pour les racines, et il supporte aussi une partie des frais de marnage.

Les betteraves, les luzernes et les vesces d'hiver réussissent bien, la récolte des trèfles n'est pas aussi assurée ; cette année, M. Damourette a essayé des fourrages mélangés : nous pensons qu'il réussira et que le produit sera plus important que celui des mêmes fourrages semés séparément. Nous avons été à même de constater la réussite des mélanges pour fourrages, chez un grand nombre de cultivateurs qui cultivent des terres de la même nature que celles de Beaumont ; les métayers ont commencé à faire consommer des fourrages verts par leurs bestiaux.

Écuries. — En 1844, la culture de la propriété de Beaumont exigeait cinq chevaux de trait et quatre bœufs de travail.

Aujourd'hui, les métayers emploient onze et douze chevaux ; deux machines à battre, le transport de la marne, les forcent à les faire travailler presque constamment, tandis qu'autrefois ils laissaient reposer, en hiver, les chevaux pendant un mois au moins.

Vacherie. — Tout en diminuant l'importance des vacheries, dans les deux domaines, M. Damourette a fait tous ses efforts pour augmenter la production, autrefois presque nulle, du lait nécessaire à l'alimentation des métayers.

Ceux-ci l'ont puissamment secondé dans cette tâche, entreprise surtout dans leur intérêt ; les vaches sont mieux soignées, mieux nourries, et elles fournissent constamment du lait, et même assez pour permettre aux métayers de vendre, sur le marché de Châteauroux, du beurre, qui y trouve toujours un débouché facile et des prix fort avantageux.

Bêtes à laine. — Mais tous les soins, tous les sacrifices ont pour but l'amélioration des bêtes à laine, qui est dans la Champagne du Berry la plus importante et à peu près la seule spéculation animale.

La race anglaise south-down et la race de la Charmoise ont été introduites dans le Berry, et les croisements qui en sont résultés ont été diversement appréciés : les uns donnent la préférence au south-down ; les autres, au contraire, préfèrent la race de la Charmoise. M. Damourette a mieux aimé conserver la race du pays, qu'il a améliorée par sélection : la race berrichonne est acclimatée, sa laine se vend facilement, sa viande est très-estimée ; en agissant ainsi, il a peut-être eu moins de bénéfices, mais par contre il n'a couru aucun risque. Pour opérer l'amélioration de son troupeau par la sélection, il a d'abord acheté de bons béliers de la sous-race de Crevant, ainsi que quelques bonnes brebis, et au moyen d'une nourriture convenable et de soins mieux entendus que ceux dont on entoure généralement les moutons, il est arrivé à un excellent résultat.

Le produit de la bergerie s'est accru d'une manière très-sensible ; dans les premiers temps, il perdait beaucoup de bêtes, tandis qu'aujourd'hui lés pertes sont si peu sensibles, qu'elles ne doivent pas entrer en ligne de compte.

Dans les premières années, il vendait ses agneaux à 8 francs la paire, et ses moutons à 17 francs la paire.

Fig. 10. — Bélier race du Berry.

Aujourd'hui, il vend ses agneaux, âgés de dix mois, de 18 à 20 francs la paire en moyenne. Cette année, le prix moyen a atteint 24 et 25 francs la paire.

L'un des métayers a même vendu les siens au prix moyen de 26 francs, et il s'est aperçu qu'il aurait pu obtenir un prix encore plus élevé, si ses animaux avaient été castrés, contrairement à l'usage reçu dans le pays. Sur sa demande, le propriétaire lui a donné toutes les indications qui lui étaient nécessaires, et tous les agneaux nés à la fin de 1860 viennent d'être castrés. C'est bien probablement la première fois qu'un métayer berrichon a pratiqué cet excellent usage.

Le métayer de Beaumont a ainsi prouvé une fois de plus que ces paysans, généralement regardés comme arriérés et routiniers, ne le sont plus quand leurs intérêts sont en jeu, et quand le propriétaire leur donne les moyens de modifier les anciennes coutumes de leurs ancêtres.

Les vieilles brebis ont été vendues :

En 1852...	8 25	la paire.	En 1857...	17 »	la paire.
1853...	10 »	—	1858...	20 »	—
1854...	12 »	—	1859...	22 »	—
1855...	14 50	—	1860...	23 50	—
1856...	16 »	—			

On voit par ces chiffres que le résultat a été aussi beau qu'on pouvait l'espérer.

Porcherie.— D'après tout ce que nous avons dit, il est facile de comprendre qu'il se consommait bien peu de viande à Beaumont en 1844 ; aujourd'hui, les métayers engraissent chaque année quatre porcs destinés à leur alimentation, et tous les jours cette alimentation tend à s'améliorer encore.

Les métayers de Beaumont ont reconnu que les espèces perfectionnées s'engraissent avec plus de facilité et d'économie. Aussi ont ils toujours le soin, lors de leurs achats, de choisir des animaux de races améliorées.

Céréales. — Le rendement en céréales a suivi la même progression que les autres récoltes ; les terres étant assainies, mieux fumées et surtout mieux travaillées, le produit a considérablement augmenté ; en comparant les dernières années avec les premières, l'augmentation a été d'un quart à un tiers.

Prairies naturelles.— *Irrigations.* — Lors de l'achat de Beaumont, en 1844, il n'y avait au milieu des terres de la propriété que 6 hectares de mauvais prés, arrosés pendant une petite partie de l'hiver par un mince filet d'eau. Après de nombreuses investigations, la quantité d'eau a pu être augmentée de celle fournie par deux petites sources découvertes, à force de recherches, sur la propriété. Cependant, la quantité d'eau était encore très-insuffisante pour faire une irrigation profitable, et M. Damourette reconnut que, pour les irrigations qu'il voulait faire, il fallait compter principalement sur les eaux d'égout provenant des terres supérieures qui, entraînant avec elles les principes les plus actifs contenus dans les fumiers, sont par cela même excellentes pour l'arrosement des prairies.

En conséquence, il fit faire le nivellement de la partie basse de sa propriété, et reconnut qu'il pouvait augmenter considérablement l'étendue de ses prés, et qu'au moyen d'un barrage qui retiendrait les eaux, il pourrait les immerger pendant le laps de temps voulu pour qu'elles déposassent sur le sol le limon dont elles seraient chargées.

Il fit, comme nous l'avons déjà dit, faire des travaux de recherches, et découvrit les sources A et I, pl. 6, dont les eaux s'écoulent dans la rigole D, qui est établie de niveau à la tête supérieure des fossés, sous le chemin de grande communication. On a ouvert les aqueducs B et C, par lesquels passent les eaux d'égouttement des terrains supérieurs. Ces eaux se rendent également dans la rigole D. Dans le thalweg, on a établi des rigoles d'égouttement G, qui peuvent être barrées par les empellements E, qui permettent de retenir les eaux de distance en distance. Les chaussées H et L forment barrage, et permettent de retenir les eaux sur les prés aussi longtemps qu'on le désire. Lorsqu'on ne veut pas arroser, les eaux s'écoulent par les fossés D et K qui bordent les prés. Des abreuvoirs pour les bestiaux ont été établis aux points M.

Ces travaux et des fumures en couverture ont permis d'améliorer considérablement ces prairies. Elles sont devenues de bonne qualité, elles donnent des fourrages abondants et excellents, et leur étendue pourra probablement être portée de 6 hectares à 12 ou 15.

L'amélioration de ces prés, leur extension, ont permis à M. Damourette de vendre en détail une prairie tourbeuse qui ne donnait que du foin de qualité tout à fait inférieure. Dans les mains des maraîchers de Déols, la commune voisine, cette mauvaise prairie fera d'excellents jardins potagers.

Ces résultats font vivement regretter à M. Damourette que l'on ne s'occupe pas davantage d'irrigations en France.

Bois. — Les 20 hectares de bois taillis dépendant de la propriété sont bien soignés ; ils poussent vigoureusement et sont aménagés en coupe réglée.

Pisciculture. — M. Damourette a essayé un peu de pisciculture ; il a fait venir de Nantes des petites anguilles, dites *civelles*, et les a mises dans les mares ou abreuvoirs à bestiaux qui contiennent toujours de l'eau ; cette expérience paraît être en bonne voie.

Au concours national de 1860, M. Damourette avait exposé :

1° Des anguilles dites civelles au moment de leur arrivée de Nantes ;
2° Des anguilles âgées d'un an ;
3°   —   de dix-huit mois ;
4°   —   de trois ans.

Les premières étaient de la grosseur d'une petite ficelle et de la longueur du doigt ; les secondes mesuraient environ 5 centimètres de longueur et 2 centimètres 1/2 de circonférence ; les troisièmes mesuraient environ 25 centimètres de longueur et 3 centimètres 1/2 de circonférence ; les quatrièmes mesuraient environ 45 centimètres de longueur et 9 centimètres de circonférence.

Le jury a accordé à M. Damourette une médaille d'argent.

Revenu de la propriété de Beaumont. — En 1845, il y a eu des pluies abondantes ; les métayers de Beaumont manquaient de fourrages et envoyaient leurs moutons pacager dans des champs imprégnés d'eau. L'année suivante, la cachexie aqueuse fit de grands ravages et ils perdirent une partie des bêtes à laine. Le produit du troupeau s'est ressenti de cette perte : la part revenant au propriétaire ne s'est élevée, pour 1845 et 1846, qu'à 736 fr. 72 par an, chiffre inférieur au revenu ordinaire.

De 1846 à 1852, le revenu a été, en moyenne, de 1,221 fr. 67 ; c'était à peu près ce que touchait annuellement M. Théodore Patureau, précédent propriétaire.

Le revenu, pour la moitié, du propriétaire, dans les laines et bestiaux, s'est élevé, de 1852 à 1857, à 1,890 francs, et en 1858 et 1859, à 2,052 francs, déduction faite des frais pour le plâtre, les graines, les façons de betteraves, etc.

Quant aux blés d'hiver, le propriétaire a eu, pour sa moitié, savoir :

En 1845...................	761 doubles décalitres froment et seigle.
En 1846...................	675 — —
Moyenne.........	718 — —
En 1858...................	948 — —
En 1859...................	954 — —
Moyenne.........	951 — —

M. Damourette ne cultive plus de seigle ; il a aujourd'hui moins de terre en culture qu'en 1845 et 1846 ; cependant il obtient par an, en moyenne, 223 doubles décalitres froment de plus qu'en 1845 et 1846.

En 1844, le revenu annuel de Beaumont était à peine de.... fr. 5,500 » soit environ 25 francs par hectare.

En 1858 et 1859, la moitié revenant au propriétaire, pour les laines et bestiaux, s'est élevée chaque année à.... fr. 2,052 »

De 1846 à 1852, le produit a été de.......... 1,221 67

Différence en plus............... 830 33   830 33

Il y a à ajouter, sur les blés, 233 doubles décalitres, à fr. 85.. 873 75

Ainsi, le revenu du propriétaire est aujourd'hui de.......... 7,204 08 soit environ 32 francs par hectare.

M. Damourette croit même que ses évaluations sont plutôt au-dessous qu'au-dessus de la vérité.

Pour déterminer d'une manière exacte l'augmentation de revenu obtenue à Beaumont depuis 1847, il faut ajouter à la somme énoncée ci-dessus la part revenant aux deux métayers dans les produits annuels, ce qui porte l'augmentation totale à plus de 3,000 francs par an.

Cette différence serait encore plus forte si ces calculs avaient pour base les revenus de 1860. En effet, dans le cours de cette dernière année, la part du propriétaire dans les laines et bestiaux a été de 2,311 fr. 92, et cette augmentation est d'autant plus sensible que l'un des métayers a remboursé, sur les cheptels de fer, une somme de 925 francs qui ne produisait rien au propriétaire et dont, à l'avenir, les intérêts viendront encore accroître le revenu.

Quant aux céréales, la part du propriétaire, en blé d'hiver, dépassera 1,100 doubles décalitres, produits par 403 douzaines 1/2 de gerbes, ce qui représentera, par hectare, un rendement d'environ 450 gerbes, et 85 doubles décalitres, ou 17 hectolitres.

Dans une note sur les baux à moitié dans les domaines de Champagne, présentée le 13 avril 1852 à la Société d'agriculture de l'Indre, et insérée dans les *Annales* de cette Société, année 1852, M. Damourette s'exprimait dans les termes suivants :

« Les terres, en Champagne, rapportent environ 20 à 28 francs par hectare, mettons une moyenne de 24 francs ; en six ans, elles donnent une bonne récolte de froment, une autre récolte de céréales moins bonne, une récolte d'avoine presque toujours médiocre ; pendant trois ans elles ne donnent rien, si ce n'est un peu de pacage pour les bêtes à laine.

» Si l'on parvient à faire produire le sol quatre et même cinq fois au lieu de trois, et surtout si, en fumant mieux, on parvient à avoir de meilleures récoltes, l'hectare de terre pourra, avec l'aide du temps, rapporter 32 francs, et même 40 francs, au lieu de 24 francs.

» Cette supposition ne nous paraît avoir rien d'exagéré. En Beauce, le prix de ferme est ordinairement de 60 à 80 francs ; quelquefois, il va beaucoup au delà. »

C'était la théorie. Nous avons vu la mise en pratique du système que M. Damourette recommandait alors, et les résultats qu'il a obtenus.

Les améliorations foncières de toute espèce, consistant en bâtiments, chemins, fossés, irrigations, travaux d'assainissement, etc., etc., ont coûté environ 25,000 francs.

La plus grande partie de ces dépenses a été faite par le propriétaire ; les charrois ont été faits par les métayers.

Ce qui est pour nous la considération principale, qui nous fait regarder la culture de Beaumont comme une agriculture modèle, c'est le chiffre élevé du produit du bétail; en effet, toute agriculture qui sera basée sur les spéculations animales, dans ce pays surtout, est une culture solide, durable, et la seule réellement profitable.

Nous voyons, dans les chiffres de M. Damourette, le produit des bêtes à laine monter de 736 fr. 72 à 1,221 fr. 67, pour arriver, dans ces dernières années, à la somme de 2,052 francs, c'est-à-dire presque trois fois autant ; cela prouve que M. Damourette a plus de bestiaux et qu'il les nourrit plus abondamment, qu'il fait consommer plus de fourrages et produit par conséquent plus d'engrais. Pour atteindre ce résultat, il se livre à l'élevage des moutons ; ces animaux sont, pour les conditions de climat et de terrain de Beaumont, ceux qui conviennent le mieux.

Enfin, M. Damourette a non-seulement plus d'engrais à sa disposition, mais encore il le répand sur une moindre surface, et, comme il le dit lui-même, il a moins de terres ensemencées et il a des récoltes plus abondantes.

Il réalise ainsi une culture véritablement améliorante. Cette culture, le point de mire de tout bon propriétaire, s'obtient, à Beaumont, au moyen du métayage. Ce mode de faire valoir est donc favorable à une bonne agriculture, lorsque l'on sait et que l'on veut bien s'en servir ; c'est un excellent instrument dans les mains d'un propriétaire habile.

La terre de Beaumont peut être citée comme une preuve du bon parti que l'on peut tirer du métayage, et comme un exemple à suivre pour ceux qui voudraient exercer ce mode de faire valoir.

Il faut dire, pour être juste, que malheureusement les propriétaires de ce pays s'occupent trop peu de leurs terres, et que les métayers, n'étant pas surveillés, font une culture tellement épuisante qu'ils se ruinent et ruinent leurs maîtres ; mais cette faute doit retomber entièrement sur les hommes et non sur les choses ; ce n'est ni la terre ni la manière de la cultiver qui est la cause de cette ruine, c'est uniquement le propriétaire. Aussi est-on heureux de rencontrer un homme comme M. Damourette, qui est un des rares propriétaires de ces contrées comprenant véritablement sa mission et s'occupant d'agriculture, quoique éloigné de sa ferme.

M. Damourette a réalisé toutes ces améliorations avec le concours de cultivateurs nés et élevés dans le pays. Il a été secondé dans l'accomplissement de son œuvre par les sieurs Borgeais fils et Renault, qui ont peu à peu introduit dans leur système de culture les améliorations qu'il leur a proposées et qui aujourd'hui commencent à en introduire eux-mêmes.

La Société d'agriculture de l'Indre a décerné la médaille d'or du métayage à M. Damourette, et elle a accordé une médaille d'argent à chacun de ses deux collaborateurs, Borgeais et Renault.

C'est ici que l'on peut dire : *Tel propriétaire, tels métayers.*

Lorsque nous écrivions les lignes ci-dessus, après une visite faite à Beaumont avec M. Damourette, nous espérions qu'il poursuivrait encore son œuvre pendant de longues années ; le destin en a ordonné différemment, et cet homme d'élite, dont l'intelligence était aussi élevée que le cœur était grand, vient de succomber presque subitement.

Directeur de la succursale de la Banque de France, entièrement dévoué aux intérêts de son pays, ses capacités n'étaient égalées que par sa modestie.

Il n'a fait que le bien et n'avait que des amis ; sa mort a plongé dans le regret et la douleur non-seulement sa famille, mais encore toutes les personnes avec qui il avait eu des rapports.

TABLE DES MATIÈRES.

PARIS. — IMPRIMERIE CENTRALE DE NAPOLÉON CHAIX ET Cᵉ, RUE BERGÈRE, 20. — 616.

LIBRAIRIE AGRICOLE DE J. LOUVIER

25, QUAI DES GRANDS-AUGUSTINS,

A PARIS.

OUVRAGES PUBLIÉS PAR M. VIANNE.

Le Draineur. Ouvrage complet sur le drainage; 2 vol. gr. in-8° avec figures.. 12 »»

La Fertilisation du sol par les amendements calcaires; le choix des grains, les cultures industrielles; brochure de 52 pages... » 25

Le Guide de l'Agriculteur, comprenant la description des meilleurs instruments, leur emploi, avantages, défauts, etc., les races d'animaux domestiques, leurs capacités au point de vue du travail, de l'engraissement, du laitage, les améliorations dont elles sont susceptibles, etc. 1 grand volume de 550 pages avec 375 figures............................... 6 »»

Journal d'agriculture progressive, indicateur général des améliorations agricoles, publié avec le concours de nombreux collaborateurs.

SEUL JOURNAL AGRICOLE ILLUSTRÉ PARAISSANT TROIS FOIS PAR MOIS.

Chaque numéro contient UNE REVUE COMMERCIALE TRÈS-DÉVELOPPÉE, *donnant les prix des céréales sur les principaux marchés français et étrangers; une appréciation sur l'état des récoltes en terre et sur les probabilités de variations des cours des denrées; le cours des graines oléagineuses et fourragères, des vins et des spiritueux, des produits animaux sur les marchés de Sceaux et de Poissy, etc.,* une chronique sur les faits d'actualités, et en outre des articles sur les pratiques culturales, l'éducation des animaux, les machines et instruments, les constructions rurales, les engrais et les amendements; une revue des publications agricoles; un compte rendu des travaux des principales Sociétés d'agriculture et des Comices, etc.; des figures intercalées dans le texte, représentant soit des animaux, soit des machines ou des modèles de constructions, et de plus, lorsque les descriptions l'exigent, des belles planches gravées sur acier.

Une place est réservée pour répondre aux demandes de renseignements adressées par les abonnés.

Le *Journal d'Agriculture progressive* forme par an deux magnifiques volumes. Prix : 15 francs par an.

PARIS. — IMPRIMERIE CENTRALE DE NAPOLÉON CHAIX ET Cᵉ, RUE BERGÈRE, 20. — 648.